董越◎著

软件交付通识

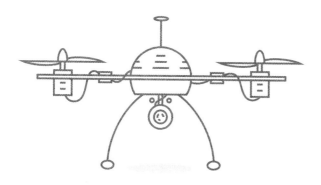

电子工业出版社
Publishing House of Electronics Industry
北京·BEIJING

内 容 简 介

软件交付过程是指在编程序改代码之后，直到将软件发布给用户使用之前的一系列活动，如提交、集成、构建、部署、测试等。本书作为通识类图书，对软件交付过程的各个方面进行了全面综合的介绍。这包括三部分内容：第 1 部分，介绍在研究软件交付过程时常见的思路和思考框架；第 2 部分，梳理软件交付的总体过程；第 3 部分，考查软件交付过程中的各个具体活动。总的来说，本书提供了一种类似于对人进行体检的方法，对特定软件产品的交付过程进行全方位的调研，可以根据其所在的业务领域、当前采用的技术栈、使用的工具、流程和方法等实际情况，找出当前最突出、最值得改进的问题。

图书在版编目（CIP）数据

软件交付通识 / 董越著. —北京：电子工业出版社，2021.10
ISBN 978-7-121-42202-7

Ⅰ. ①软… Ⅱ. ①董… Ⅲ. ①软件开发－项目管理 Ⅳ. ①TP311.52

中国版本图书馆 CIP 数据核字（2021）第 206415 号

责任编辑：张春雨
印　　刷：三河市双峰印刷装订有限公司
装　　订：三河市双峰印刷装订有限公司
出版发行：电子工业出版社
　　　　　北京市海淀区万寿路 173 信箱　　　　　邮编：100036
开　　本：787×980　1/16　　印张：16.25　　字数：341 千字
版　　次：2021 年 10 月第 1 版
印　　次：2021 年 10 月第 1 次印刷
定　　价：89.00 元

凡所购买电子工业出版社图书有缺损问题，请向购买书店调换。若书店售缺，请与本社发行部联系，联系及邮购电话：(010) 88254888，88258888。
质量投诉请发邮件至 zlts@phei.com.cn，盗版侵权举报请发邮件至 dbqq@phei.com.cn。
本书咨询联系方式：010-51260888-819，faq@phei.com.cn。

评审与致谢

本书经过了 14 位评审人认真细致的技术评审。没错，是认真细致、逐字逐句的技术评审，共收到 788 条评审意见，其中大部分被采纳。本书写作用了两个多月的时间，而根据评审意见修改又用了两个多月的时间。所以，这本书其实不是作者一个人完成的，而是作者和各位评审人共同完成的。

本书的评审人包括：企业中一线开发团队的负责人；企业中软件开发工具与流程改进的负责人；精益敏捷、持续交付、架构、测试、运维等方面的业界专家；DevOps 标准（指中国信息通信研究院的研发运营一体化（DevOps）能力成熟度模型）的持续交付部分核心编写者。下面分别介绍（按拼音排序）。

陈展文，在招行服务 18 年，伴随着招行信息技术部从 200 多人发展到现在 5000 多人的规模，获得了 PMP、CSM、CSPO、CSP、DOF、DOP、AWS CSAA 认证。从推动配置管理工具 Firefly 起步，全程参与 CMMI 三级体系的建立和认证，牵头招行 CC、CQ、BuildForge、RTC 和 Git 等全平台配置管理工具的落地实施。2015 年开始牵头研究和推进 DevOps 持续交付实践落地，更好地支撑招行的精益化转型。2018—2019 年牵头招行 25 个项目参与 "DevOps 标准持续交付部分 3 级评估"。2018 年 DevOps 国际峰会深圳站、2019 年 GOPS 深圳站、2019 年 DevOps 国际峰会北京站、2020 年 GOPS 深圳站金牌讲师。担任 QECon2020 上海站与 2021 深圳站精益和敏捷专场出品人。

丁晓娇，百度 DevOps 方案架构师/资深敏捷教练，专注软件过程改进工作 13 年，4 年研发管理经验；精通企业精益敏捷/DevOps 转型方法和实践。具备互联网、金融、通信、电气等行业大中型企业 DevOps 或敏捷转型方案和落地经验。

段新，目前就职于中国移动广东公司，曾长期专注企业架构规划和转型实施。近年来痴迷于研究精益敏捷、DevOps 在软件交付中的引入和推广，发现企业架构、精益敏捷、DevOps 在软件质量与效能目标上的高度统一和互通，顿觉豁然开朗。

郭宏泽，15 年 IT 行业工作经验，曾就职于易车网、电信云计算、跟谁学等公司。企业 IT 架构咨询师、IT 培训师，曾为国内外各大公司做过专职咨询与培训。现任职于华图教育集团，担任技术总监。开发过日志分析系统、CDN 流量计费结算系统，自动化 IT 管理平台、AdminSet 开源运维管理平台作者。

华飞，就职于中原银行工程效能团队，主要负责企业内部 DevOps 平台建设。

井博巍，大家养老保险自营销售平台研发经理，乐于探索 DevOps 模式与敏捷思想，结合实际项目持续实践，提升项目效能并推广实践经验。深耕保险行业，关注 IT 项目在业务、技术、管理上的结合方案。曾任职于泰康养老，带领试点项目团队，实现 DevOps 模式转型。

景韵，DAOPS 基金会首席布道师，DevOps 标准核心编写专家，DevOps Enterprise Coach，先后就职于用友、乐视，从事持续交付、DevOps 落地改进工作。

雷涛，Jenkins 全球推广大使，DevOps 标准工作组核心编写专家，DevOps Enterprise Coach，曾就职于百度、爱立信、摩托罗拉、诺基亚、新浪网等国内外知名企业，专注于互联网、金融、电信、汽车等行业的软件研发交付效能提升，包括企业级 DevOps 解决方案、持续交付、ASPICE/ISO 26262 研发过程落地等领域。

李青，华泰证券股份有限公司效能专家，曾就职于摩托罗拉和中国移动。在 15 年的职业生涯中，从事过软件开发、项目管理、敏捷导入和产品设计等多种软件研发相关工作，跨越移动终端、运营商、互联网和游戏等多个领域，深入了解了不同角色、不同行业的研发过程。加入华泰证券以来，致力于推广精益理念，拥抱 DevOps 转型。作为项目经理和产品经理，主持打造了华泰证券的首个 DevOps 平台，并持续向研发过程一体化平台演进。

刘婷，郑州银行信息科技部基础平台科主管，主要负责持续交付平台等研发管理平台的建设；曾就职于百度质量部，负责运维软件及服务器硬件的测试开发工作。

牛晓玲，中国信息通信研究院云计算与大数据研究所治理与审计部副主任、DevOps 系列标准及国际标准编写人。长期从事开发运维方面的相关研究工作，包括云服务的运维管理系统审查等相关工作。参与编写"云计算服务协议参考框架""对象存储""云数据库""研发运营一体化（DevOps）能力成熟度模型"系列标准，以及"云计算运维智能化通用评估方法"等多项标准二十余项。参与多篇白皮书、调查报告等编制工作，包括《企业 IT 运维发展白皮书》《中国 DevOps 现状调查报告（2019 年）》等。参与 DevOps 能力成熟度评估项目超过 50 个，具有丰富的标准编制及评估测试经验。

茹炳晟，业界知名实战派软件研发效能和软件质量领域专家，在国内外各大技术峰会上担任联席主席，国内外各大技术峰会的技术委员会成员及特定专题的出品人。现任腾讯技术工程事业群基础架构部首席研发效能架构师，腾讯研究院特约研究员。腾讯云最具价值专家 TVP，阿里云最具价值专家 MVP，华为云最具价值专家 MVP，中国商业联合会互联网应用技术委员会智库专家，2020 年度 IT 图书最具影响力作者，多本技术畅销书作者，Certified DevOps Enterprise Coach。

石雪峰，京东零售工程效能专家，专注于软件研发效能和数字化领域，Jenkins 社区长期贡献者和全球大使，极客时间专栏《DevOps 实战笔记》作者。

王晓翔，独立咨询师，去哪儿网工程效率部前高级总监，曾任奇安信内聘顾问，GOPS 深圳大会金牌讲师，2019 运维行业年度优秀技术专家，研发运营一体化（DevOps）能力成熟度标准咨询师。在软件配置管理、过程管理和工程效率方面有十几年的工作经验。曾在中国海关数据中心、索尼移动通信产品（中国）有限公司等多家公司工作。在去哪儿网供职七年间，逐步构建起持续集成、持续交付流水线，形成以应用为中心的全生命周期管理体系，并通过平台化不断为研发团队赋能，构建去哪儿网企业内部的 DevOps 生态圈，同时带领团队完成了从传统配置管理到工程效率团队的转型。

　　此外，畅销书《精益产品开发：原则、方法与实施》的作者何勉老师也对书中精益思想相关内容给予了具体的指导。博文视点张春雨老师的工作极为认真负责。高效运维社区、北京华佑科技有限公司在本书出版过程中亦给予了大力支持。在此对所有帮助本书写作和出版的朋友一并致谢。

推荐序

近年来关于 DevOps 的讨论和实践，可谓是"风起云涌"，作为一项新型的理念和技术的综合体，其出现时间也就十来年，关于它的定义，难免仁者见仁，智者见智，现在我们摘取维基百科上的相关表述如下。考虑到中文版和英文版有些差异，因此一并列出。

DevOps is a set of practices that combines software development (Dev) and IT operations (Ops). It aims to shorten the systems development life cycle and provide continuous delivery with high software quality. DevOps is complementary with Agile software development; several DevOps aspects came from the Agile methodology.

DevOps（Development 和 Operations 的组合词）是一种重视"软件开发人员（Dev）"和"IT 运维技术人员（Ops）"之间沟通合作的文化、运动或惯例。透过自动化"软件交付"和"架构变更"的流程，来使得构建、测试、发布软件能够更加地快捷、频繁和可靠。

两个语言版本的维基百科，有些不同之处。英文版提及了"持续交付"，中文版提及了"软件交付"，本书作者可能基于深度思考，也可能简单觉得"持续交付"被提及太多已然不酷（流水先生，即本书作者董越老师，不要生气哟），于是采纳"软件交付"作为本书书名的关键词。当然，不管称呼为"软件交付"还是"持续交付"，都可被认定是 DevOps 的核心工程实践。

DevOps 的三个问题

DevOps 火热得快，关于它有多个"未解之谜"，向来众说纷纭，这里暂且列举 3 个和你进行探讨。

首先，DevOps 的两个 CD 究竟是什么关系？

有两个与 DevOps 相关的重要概念：持续交付（Continuous Delivery）和持续部署（Continuous Deployment），其简称都是 CD。那么，这两者之间究竟是什么关系呢？

有人说，持续交付和持续部署是包含关系，前者包含后者。部署就是把程序包放到服务器上，无论把程序包放到测试服务器上还是生产服务器上，都被称为部署。所以，从字面上理解持续部署这个概念的话，持续交付理应包含持续部署，在之前包含持续集成，在之后包含持续发布。这听起来好像很有道理。

也有人说，持续交付和持续部署是递进关系，后者是前者的递进。这种关于持续交付和持续部署的分界定位的说法认为，持续部署所说的"部署"，是指生产环境部署，让生产环境的部署比持续交付时更频繁。追根溯源，其实这个说法才是当初提出"持续部署"这个概念的本意。Martin Fowler 在他的博文中也写到，"持续部署意味着每个通过部署流水线的变更都被自动地部署到生产环境中，于是每天都会有若干次生产环境部署。"Jez Humble 在《持续交付：发布可靠软件的系统方法》这本书中有更详细的介绍。维基百科也给出了类似的定义。本书作者也是按照这个定义来介绍的。

大家在阅读各种文章、各种图书时，看到"持续部署"这个词，心里可得有根弦儿——这里说的"持续部署"到底是什么含义。最好是文中就给出了它的定义。

类似的情况还有"特性团队"这个概念，特性团队中的"特性"其实和特性分支中的"特性"是完全不同的含义。本书中对特性团队、特性分支的概念也都做了明确的辨识和讲解。事实上，本书对 DevOps、软件交付领域的众多重要概念都给出了明确的定义。

其次，DevOps 只是昙花一现吗？

关于 DevOps，其生命周期也是众说纷纭。"看衰者"说，DevOps 也就昙花一现，可能速速消失在软件世界的"历史"长河中；"看好者"说，DevOps 是软件工程领域的第三次革命，路还长着呢。那么，谁对谁错呢？

DevOps 运动，强调从组织、流程规范特别是技术上把运维甚至安全（DevSecOps）等纳入进来，打通"最后一公里"，实现真正的端到端，从需求端到最终用户端。

然而，要想让一个团队做好这些，那就需要这个团队很强。但这很难，怎么办？可以让事情变得容易做，用不着那么专业的人来做。所以要开发各种工具，实现各种自动化，让工具足够好用，以至于一个人或者一个团队就可以做好集成发布过程，做好应用的运维、监控等各种操作。

具体而言，基于 DevOps 最佳实践，充分运用自动化技术形成了虚拟的、可被大量复制的软件生产及发布流水线。新功能开发完成后，不再需要请运维人员部署到测试环境，不再需要请测试人员做测试，开发人员可以一键触发自动化部署、自动化测试。

这样一来，通过 DevOps 的理念及技术指引，就真正实现了减少协作。

所以看来，DevOps 的核心——持续交付，侧重于工程技术及落地实践，其打通了面向终端用户（价值）的"最后一公里"，看来不是昙花一现。

这跟本文作者前段时间的一个精彩发现不谋而合：高效协作的核心秘密是减少协作。

为什么这么说？因为人和人之间的合作是很累的，身体累，心更累。沟通需要不少时间，以理解上下文、进入状态（被打断后又得重新进入状态）。协调也需要不少时间，各有优先级，有各种争抢、各种排队、各种等待。若是赶上年假、时间冲突、新冠肺炎疫情等，那更麻烦。还有说不清道不明的人际关系及"软拒绝"。所以说，尽量一件事情能够从头到尾独立完成。

尽可能让一个人或者一个团队能够把一件事情负责到底。说到开发软件，就是从需求一直到上线。如果一个人做不好，那就一个团队来做，即所谓的全流程团队（或者全功能团队、跨职能团队、特性团队、stream-aligned team 等），这个团队有着共同的目标，那就是已发布，而不是已开发、已测试或者已部署。这很类似于特种部队，其往往融合了海陆空的各种技能于一体，像一把尖刀，指哪打哪。

这不就是 DevOps 嘛！高效沟通的关键所在就是减少沟通，DevOps 使得这些构想从理想变为现实。

最后，DevOps 可以有标准吗？

正如维基百科所言，DevOps 首先是一组最佳实践。DevOps 融合了"务虚"和"务实"，既包括组织、流程、文档乃至文化，也包括自动化构建、自动化测试、自动化部署及发布等工程技术，法无定法，那么，DevOps 会有标准呢？

DevOps 就像水一样，水并无常态，有时液态，有时固态，有时气态，然而，喝水是否需要容器呢？小孩喝水用奶瓶，青年人喝水用塑料瓶，中年人喝水用保温杯。同理，DevOps 作为最佳实践，其在各行业应用时，作为工程技术，还是有章可循的。例如，银行、证券和保险等行业，开展的业务是类似的，业务形态是相近的，部分业务系统甚至都外采于同一个供应商。

而且，这些都是从计算机软件生长出来的，在 DevOps 之前，也是多采用瀑布式开发模式，那么随着时代的车轮滚滚向前（云计算及云原生方兴未艾），DevOps 必然也是大势所趋。

另外，我们所讨论的标准，并非平面标准（0 或者 1，通过或者不通过），而是能力成熟度模型，分为 5 级，主要以技术规范为主，颇具指导意义。

据说，现在各大国有银行、全国性股份制银行、城商行、头部券商及头部保险公司、运营商头部省公司等，都已纷纷前后"贯标"，相关项目的软件质量提升 60%以上，需求发布速度提高 300%以上。

软件交付的核心策略及金句

流水先生在互联网行业有很多年的 DevOps 实践，近两年因为机缘巧合，和众多金融名企如大中型银行及运营商等有过较长时间的深度接触，因此形成了十大核心策略。在关于十大核心策略及其在软件交付过程中如何应用的描述中，金句不断，在此采撷一二，以飨读者。

- 细粒度、低耦合，自己完成一件事情，不要总是动辄牵扯到别的人、别的事，这是软件交付的第一个策略。
- 在各个方面追求小批量：小批量的设计功能、交代开发任务，小批量的集成，小批量的测试，小批量的发布。于是，就有可能让整个流程持续地流动起来，而不是走走停停。
- 自动化工具要好用。其中比较重要的一点是，用户可以方便地自行配置使用，也就是自助化。
- 适当交叠有益，过分交叠有害。
- 每次代码改动提交，都应该是逻辑上完整地完成了一小块改动。
- 经典的持续集成方式是：开发人员可以随时向集成分支提交代码改动，而每次提交代码改动时都会触发一系列轻量级的自动化测试。
- 作为一个硬指标，通常应该是每次代码改动提交本身就既包括源代码的编写和改动，也包括相应单元测试脚本的编写和改动，并且这段单元测试脚本已经运行通过。

一个有趣的人和一本引人入胜的书

这是一本"老顽童"写的、看着不累的、"老少皆宜"的书。

"老顽童"加上双引号，主要不是因为流水先生"不顽皮"，而是因为不够老，毕竟流水先生正处于羽扇纶巾、大有可为的尚好年华。

流水先生治学严谨，相关著作侧重逻辑性，严格按照《金字塔原理》一书推荐的结构，层层递进，抽丝剥茧式向读者一一呈现；同时流水先生注重行文的诙谐幽默，尽量用通俗的语言娓娓道来，就像一位和蔼可亲的邻家大哥哥，"温柔地"注视着你，说，故事是这样的……

本书逻辑严谨，又不失轻松幽默。在提及本书的目的是"提供一种系统全面的方法"时，流水先生写道，"梳理出它在软件开发过程方面应该做哪些改进，以及轻重缓急，然后再从你的工具箱里拿出匹配的合适的工具，叮叮当当。"

"如果不是因为好玩儿，人生该多无趣啊！"流水先生是这样说的，也是这样身体力行的。

流水先生喜爱苏州评弹，这些年经常光顾同一个评弹小馆，去了多少次，我估计平江街的每一块铺路石单单根据受力情况，就知道。"哟，流水先生您又来了！""对，去这儿。""您里边请。"我甚至愿意相信，流水先生在编写本书时，脑海里就是以苏州评弹作为背景音乐的。

当年孔子向师襄学琴，师襄教了他一首琴曲，让他回去练习。他一弹就是十天。师襄觉得孔子已然弹得甚好，反复请孔子去学习其他新曲儿，但孔子总觉得不到位，即使他已经领会了琴曲的内涵。直到孔子说自己体会出作者是一个怎样的人了，他肤色黝黑，身材高大，目光明亮而深邃，似是一个统治四方诸侯的王者。师襄听后甚为惊叹，说："这就是《文王操》啊！"

如果读者在赏阅本书的过程中，能咂摸出流水先生在写书时的音容相貌、神态表情，那就真的厉害了。前三位如实描绘出来的读者，请找流水先生或者我领取奖励一份。

萧田国 高效运维社区发起人、DAOPS 基金会中国区执行董事

推荐语

创新是生产要素的重组,技术创新是技术要素的不断分合。DevOps 让开发与运维深度融合,微服务把一个大功能分割成多个小微服务。为了让开发人员和运维人员更加专注于自己的工作,位于开发和运维二者之间的软件交付就要相对独立出来,需要方法论。《软件交付通识》系统性地剖析了软件交付的思维方式、过程和技术活动,是作者多年工作与研究的智慧结晶。

何宝宏 中国信息通信研究院云计算与大数据研究所所长

在数字化转型时代,如何高效地生产并交付软件,是非常重要的一部分。《软件交付通识》从历史实践,到目前的策略和可落地的实践案例,给出了全面的解释。《软件交付通识》兼具理论和实践,逻辑性较强,文字生动活泼,是企业软件交付工程师不可多得的百宝书。

栗蔚 中国信息通信研究院云计算与大数据研究所副所长

一行代码的变更多久可以和用户见面?对软件企业来说,这个看上去简单的问题实际上是提高软件交付能力的核心点,软件交付过程的标准化、自动化、自助化和可视化水平,已经成为软件企业的核心竞争力。本书采用通俗易懂的语言,概括了几十年来软件工程领域的探索和实践,阐明了软件研发能力建设的思想和策略,详细介绍了软件交付过程中关键活动的关注点、原则和实现方法。本书线索清晰,结构简明,是一本非常实用的图书。

温建波 中国工商银行软件开发中心项目办总经理

DevOps 优化是整个金融云转型工程的核心主线和灵魂,也是企业数字化转型的重要手段。DevOps 是一种工程实践,DevOps 践行需要各行各业特别是金融行业相关经验的实践总结和归纳,本书作者在大型互联网公司从事相关工作多年,近年来也服务于各大银行等同业,给出了一种颇有价值的探索。

万化 浦发银行信息科技部副总经理

　　软件交付是企业数字化能力的重要支撑之一。交付的质量和速度直接影响企业业务价值的实现和业务的成功。本书深刻详细地剖析了软件交付过程中的各种活动，融贯各种理念，给出了要求、原则和具体的方法，并辅助于场景例子。我在阅读这本书的时候，结合我们在金融软件交付中的实践和探索，深切地感受到书中的理念和方法引起的共鸣。这是一本全面丰富的软件交付最佳实践的指引图书，它结合当前最新的软件技术，对软件交付中从组织到工程实践进行了详细说明和讨论，非常值得一读。

黄威琪 平安银行总行首席架构师

　　数字化转型现在成为各行各业、企业的共识，而质效并举的软件交付又是业务敏捷及企业数字化转型的核心要素之一，特别是在云计算和云原生方兴未艾的今天，高水准的软件质量和交付效率成为业务成功的重要保障。本书结合互联网及金融等行业的典型实践，提炼出软件交付的 10 个策略，以 DevOps 这种新型的软件交付方式为主线，较全面地阐述了软件质量和交付效率同步提升之道，可以作为软件行业从业者的重要参考资料。

王洪涛 海通证券软件开发中心总经理

　　在数字化转型的浪潮下，作为数字技术的载体——软件的生产方式也需要数字化，软件交付正是软件生产方式数字化的核心实现。新型的软件交付方式以 DevOps 为核心，通过更快的业务响应速度、更好的代码质量、更合理的成本，生产更多高价值的软件，实现"质量与效率同步提升"，提升企业的市场竞争力。本书在这些方面提供了较多理论指导及实践案例分享，可以作为 IT 从业者的常备工具书之一。

刘汉西 国信证券首席工程师

　　董越老师编写的《软件交付通识》一书从软件交付领域多元化的发展现状出发，对软件交付过程进行了系统的分类，为企业进行组织级过程改进提供了有益的指导和参照。软件工程的过程改进是一个永无止境、精益求精的过程，参照本书提供的系统全面的方法，能够快速评估出项目团队当下最有效率的改进方案。如何通过科技赋能促进软件生产力的提升，如何使项目团队产生的业务价值最大化，相信阅读本书能够启发读者朋友们的进一步思考。

吴铁楠 中国人民财产保险股份有限公司基础架构处副处长

　　愈发激烈的商业竞争，使得持续交付成为很多行业和领域中软件团队必须具备的一项基本能力。为此，整个软件团队都需要树立正确的软件工程价值观并转换思维方式，同时能够熟练掌握软件交付的各种策略，以及需要开展的过程和活动。本书在厘清敏捷、持续集成、持续交付、持续部署、DevOps 等相关概念之间关系的基础上，系统梳理和归纳了软件工程师在软件交付过程中所需要具备的思维方式、需要掌握的实践策略，以及过程和活动，可以为软件企业构建和提升自身的软件交付能力提供全面的指导和帮助。

彭鑫 复旦大学软件学院副院长、教授、博士生导师

本书开始就用了 7 章篇幅来讨论软件交付的思维方式，强调思维方式的重要性，这一点和我的理念相同，也是我乐意推荐本书的强大理由。软件实现或交付追求的目标是什么？过去我们过于强调"质量和效率"，忽视了业务，本书强调"一切为了业务的成功"，也就是业务驱动研发与交付，拨乱反正，也值得点赞。本书在梳理软件交付过程和阐述各个具体活动时，始终围绕执行时间、执行效果和效率、问题处理效率等焦点展开讨论，具有很好的落地实施的参考价值。概括起来，本书有策略、有细节，逻辑清晰，内容全面，并紧贴实际工作，是值得软件交付领域人员阅读的一本好书。

朱少民 同济大学特聘教授、《敏捷测试》作者、QECon 大会发起人

在数字化变革浪潮下，软件研发效能已成为组织的共同挑战。为此，我们关注需求的获取、规划和分析，以及系统的设计、分解和实现。这些当然重要，然而离开卓越的交付过程，价值依然无法兑现，效能提升也无法落地。软件的交付过程必须被重视，并进行系统改进。《软件交付通识》一书对此做出了细致入微的探究和分析，并给出了务实的实践指导。

何勉 阿里巴巴资深技术专家、《精益产品开发：原则、方法与实施》作者

从瀑布流到敏捷开发，再到持续集成、持续交付和 DevOps，软件交付演绎着不同时代的最佳实践，开源也是推动软件交付演进的一个重要因子。本书从软件交付的常用思考框架出发，梳理了软件交付的总体过程，对软件交付过程中的具体活动进行了全面考查。相信开发者或从事软件交付相关工作的人员都能从本书中收获方向性的指导、启发及更前瞻的视角。

单致豪 腾讯开源联盟主席

软件交付过程中的质量和效率问题在 IT 及互联网行业中普遍存在，本书作者通过多年实践经验总结了软件交付过程的 10 个策略，并针对每项实践技巧进行了充分的论述和例证，相信能够为各 IT 从业群体尤其项目管理者、敏捷教练、质量管理者、DevOps 专家及企业领导者实现组织数字化转型提供十分宝贵的价值。本书深入结合各种案例，不仅使 10 个策略看上去有道理，还能真正帮助技术人员在企业中实操落地这些策略，不断坚定地推进企业的持续改进工作。

徐奇琛 京东平台业务研发部高级总监

研发效能、DevOps 是近些年很热的概念，大家都期待从中寻找到某种技能能够帮助团队大幅提效。但实际上，团队提效的核心是软件交付过程提效，而提效没有"银弹"，只有在全面掌握软件交付过程的概念、模式、方法之后，才能结合自身团队特点做出改进。《软件交付通识》

这本书正为我们提供了最佳的学习路径，让每个人都可以成为工程效能领域专家。

陈鑫 阿里云云效产品技术负责人、资深技术专家

傍晚，高耸写字楼的小隔间里，小明时常望着窗外的霓虹灯陷入沉思。对"996"的工作已经习以为常，但为什么客户仍然不满意，领导仍然一脸严肃？这一切的背后，究竟是社会的急躁还是人心的沉沦？就在小明恍惚之时，突然，一本名为《软件交付通识》的图书映入眼帘，翻开书，无数的故事在小明的脑海中浮现。"原来，我是他们当中的一员！"——小明不禁感慨道。

从此，小明把这本书推荐给有同样疑惑的少年，他们是研发人员，他们是产品经理，他们是质量人员，他们是研发团队的管理者。此书用诙谐的语言，通过大量例子来陈述观点。不管是新入、学生，还是从业多年的高手、领导，从本书中要么能系统地学到知识，要么能通过共鸣引发思考。因此，在阅读过后，少年们又把此书推荐给了更多的研发人员、产品经理、质量经理、团队总监。此后，江湖上就有了一组传说，那就是千千万万个软件行业的小明的故事——本故事如有雷同，请翻看《软件交付通识》一书查证。

孙辰星 腾讯代码平台（工蜂）高级产品经理

"十年磨一剑"，本书是董越老师多年深耕不辍的经验汇聚，也是一部极具雄心的集大成之作。《软件交付通识》，朴素无华的书名背后，是软件行业多年始终未能解决的效率与质量问题。文如其人，见字如面，透过文字扑面而来的是董越老师既轻松、幽默，又专注、精深的态度。与董越老师神交多年，各种渊源彼此交织，敬重董越老师的专业，更佩服他的一份潇洒。本书诚意满满，内容翔实，饱含智慧，同时兼顾阅读感受，举重若轻，毫不晦涩，足见董越老师的深厚功底！

姚冬 华为云应用平台部首席技术架构师

软件交付是一个非常复杂的领域，很依赖在实践中积累的经验，找到解决问题的办法。董越老师是该领域的专家，在这本书中他分享了自己十几年从业生涯中所积累的成功经验，针对业界常见的争议问题给出了自己的建议，模式化的表述也有助于读者采取比对方式来理解这些实践。

徐毅 中国敏捷教练企业联盟副秘书长

现代软件交付已经经历敏捷、DevOps、微服务等多次技术风暴的洗礼，董越老师的《软件交付通识》这本书就是这些风暴过后的精华。在和董越老师合作的过程中，我深深地被董越老师丰富而全面的经验和知识所折服。《软件交付通识》涵盖了当今软件工程师必须掌握的方方面面，是每一个软件工程师案头必备读物。

顾宇 腾讯云资深解决方案顾问、软件研发效能专家

读者服务

微信扫码回复：42202

• 加入"后端"读者交流群，与更多同道中人交流

• 获取【百场业界大咖直播合集】（持续更新），仅需 1 元

提示：本书提及的"链接 1"至"链接 31"，可从 http://www.broadview.com.cn/42202 下载 "参考资料.pdf"文件，从中可进行查询。

目录

第 1 部分　思维方式

第 2 部分　总体过程

第 3 部分　具体活动

第 1 部分

思维方式

第1章

本书要解决什么问题

1.1 提供一种系统全面的方法

假定你是一个软件开发团队的负责人，你的老板找你聊天儿，让你想想办法，把开发速度再提上来一点，或者把上线质量再控制得好一点。你充满信心、充满干劲儿地答应下来。那接下来究竟该怎么办？凭直觉，或者借鉴最近管理上遇到的案例，或者灵光乍现想出几个改进点，还是根据最近看的几篇文章分析一下团队是不是也能做类似的改进？要么，组织团队成员一起聊聊，集思广益？

都不错。然而你怎么保证，你找到的待改进事项，就是抓住了团队当下最要紧的事情？你怎么保证，没有遗漏其他一些重要内容？

你需要一种系统全面的方法。

假定你带领的团队负责软件研发效能工具平台，这个团队从市面上挑选和引入好用的开发工具并部署运维，必要时做一些定制开发、工具间的集成，甚至自研工具，总之目标是服务好本公司数百名软件开发人员。现在要考虑今后一两年做哪些建设，重点投入哪些事项。

这时候，你怎么分析和确定团队的工作计划？你怎么保证，你做的计划抓住了当下最要紧的事情？你怎么保证，没有遗漏其他一些重要内容？

你需要一种系统全面的方法。

假定你是负责软件开发过程改进的专职人员，别人称呼你或者你自称敏捷教练、工程教练、

DevOps 教练。当然，你可以拿着 Scrum 这个锤子到处找钉子砸，或者拿着极限编程这一套锤子到处找钉子砸，或者拿着持续集成、持续交付、精益看板、TDD、微服务、云原生……

更理想的情况是，使用系统的方法，对你进驻的团队有一个全面的了解和全面的分析，**梳理出它在软件开发过程方面应该做哪些改进**，以及轻重缓急。然后再从你的工具箱里拿出匹配的合适的工具，叮叮当当。

你需要一种系统全面的方法。你需要有一种类似于对人进行体检的方法，对一个开发团队进行全方位、多层次的梳理，根据其所处的业务领域，当前采用的技术栈，当前使用的工具、流程和方法等实际情况，找出当前问题最突出、最值得改进的那些地方，甚至制定中长期的改进方案，一步一步扎扎实实地做。

即便你不是软件开发团队的负责人，即便你不负责软件开发工具的支持，即便你不是负责软件开发过程改进的专职人员，但是只要从事软件开发这个行当，你就会接触到软件交付过程，你就需要对它有一个总体的了解，对核心思想、基本思路、常见方法有一定的掌握。这正是本书要介绍的内容。

1.2　分析软件交付过程

软件开发全过程是一个很大的范畴，从确定需求，到设计编码，到集成发布，到运维运营，涉及方方面面。本书不能覆盖以上所有内容，本书只覆盖其中的软件交付这部分。

软件交付这部分？软件交付是哪部分？软件交付包括哪些内容？

本书所说的软件交付过程（Software Delivery Process），是指编程序、改代码之后的一系列活动，直到将软件发布给用户使用为止。也就是说，它不包括源代码的编写和修改本身，而随后的提交、集成、测试等，一直到发布上线，都属于软件交付这一过程。软件发布上线之后，对生产环境的监控、告警等事情就不属于软件交付过程了，因为不论是否发布新版本，都需要持续运维。

据此来看，本书所说的软件交付过程包括但不限于"传统"的集成、测试、发布这个过程。再往"前"看，如果有特性分支，那么在特性分支上进行的构建、单元测试、代码评审等工作，也属于软件交付过程。更进一步，开发人员在代码改动提交前，在个人开发环境中进行的构建、尝试运行、调试等事情，也属于软件交付过程，因为它们也是发生在代码改动之后，尽管改动还没有被提交到服务器端的代码库中。甚至，在 IDE 中开启的向开发人员提供实时反馈的实时代码扫描，也属于软件交付过程，因为它也是发生在代码的细微改动之后。

以上是往"前"看，下面我们往"后"看。如果采用了灰度发布这样的策略，那么把新版本发布给少量用户，让用户试用并给出反馈，然后据此修改调整的过程，也属于软件交付过程，因为还没有发布给所有用户。还有一些生产环境中的测试，比如在生产环境中进行的全链路压力测试，亦属于软件交付过程。软件的新版本刚发布上线时，可能会出现一些问题，对问题的处理亦属于软件交付过程。

1.3　软件交付过程包括三类事情

如果把软件交付过程中发生的所有事情分一分类，那么其中占时间和精力最多的一类事情是各种各样的测试、反馈，以及相应的调整和修复，这是用来提高代码改动的质量的，会持续到可以将软件发布给所有使用者。这里所说的测试，既包括动态的测试如接口测试、UI 测试，也包括静态的测试如代码评审和代码扫描，还包括各种人工测试及自动测试。

在软件交付过程中，第二类事情是把各开发人员所做的不同代码改动汇聚在一起，形成完整的功能，凑一拨一起发布出去。这通常表现为一个代码库中分支之间的代码合并，以及不同代码库中最新版本之间的联合测试和发布。

在软件交付过程中，第三类事情是软件形态的转换，即将源代码经过编译构建，转换为安装包、容器镜像之类的形态，然后再经过部署过程，转换为实际运行中的软件系统。

凡属于这三类的事情，皆属于软件交付这个范畴。

1.4　软件交付不是按时间阶段或角色划分出来的

软件交付，无法限定于按时间阶段划分出来的一段时间内。并不是说，先进行两天需求拆分，再进行五天设计开发，然后进入三天的软件交付阶段，最后是发布上线之后的持续运维。在实际工作中，没有这样明确的时间阶段。

在为一个特性编写代码时，随时可以执行构建和单元测试。在集成某几个特性时，其他特性还正在开发中。而与此同时，技术运维和运营活动也一直在进行，毕竟在新版本发布前，也要保证当前线上版本的稳定运行。

所以，尽管从具体代码改动的角度来看，在逻辑和时间先后上，是先确定需求，再设计和开发，再交付，再运维的，但从宏观上看，在项目排期上，并没有软件交付这个阶段，软件交付也不构成和其他阶段之间的串联关系。这些不同的活动是随时在不同"脉络"上并行开展的。

软件交付，也不是按角色划分出来的一堆工作。并不是说，开发人员做的质量相关工作就属于软件开发过程，测试人员做的质量相关工作就属于软件交付过程。只要是质量相关工作，那就属于软件交付过程。同样地，并不是说，运维人员做的生产环境上的部署等操作就属于运维过程，要是换成开发人员来做生产环境上的部署就属于交付过程。不论是哪个角色做，只要是做生产环境上的部署，完成软件的发布，那就属于软件交付过程。

为什么这么划分呢？为什么不是按照时间阶段或角色来划分的呢？因为我们要研究的是这样一些事情，这些事情不论什么时候做，不论哪个角色做，它们都在那里。而具体什么时候做，具体由什么角色做，具体怎么做，正是我们要讨论的内容。所以，既然要讨论，那么就让它们始终在讨论范围之内，这样讨论起来更方便。

1.5　本书本质上是讲述软件交付这门学科

本书要解决什么问题呢？本书给出一套方法，可以系统全面地分析某个软件开发团队或者某个软件开发组织的软件交付过程，并找出可提升之处。这里所说的软件交付过程，是指代码改动后的一系列活动，一直到将包含该改动的软件发布给用户。

也就是说，本书对软件交付过程进行系统全面的介绍和分析。它不是专门介绍某个流派或者某个方法的，而是博采众长，客观综合地介绍软件交付这个领域或者说这门学科在今时今日的情况。它不是讲述学说，而是讲述学科。

1.6　本书分成三个部分讲述

本书分为三个部分。第 1 部分讲思维方式：在研究软件交付过程时，常见的思路和思考框架。这有点儿像"三观"，先把"三观"对齐，往下聊才能顺畅沟通。此外，在解决具体问题时，这些思路和思考框架能给我们方向性的指导和启发。

第 2 部分梳理软件交付的总体过程。先是开发人员在本地编写代码，代码改动不断累积，同时不断进行质量验证，直到把代码改动提交上去。典型的，如提交到特性分支，在特性分支上，改动不断累积，同时不断收到质量上的反馈，直到把特性分支合并到集成分支。进而在集成分支上，改动不断累积，同时在不同环境中进行各种各样的测试，直到最终发布上线。

第 3 部分考查软件交付过程中的各个具体活动。构建、代码扫描、代码评审、单元测试、部署、自动化接口测试、人工和自动化的 UI 测试等，逐个具体分析。

在阅读顺序上，推荐按先后顺序阅读全书。如果时间实在紧张，第 3 部分可以适当挑选着看，但至少第 1 部分和第 2 部分应该全文顺序阅读。

第2章

我们要追求什么

我们分析当前的软件交付过程，评判哪些方面做得好、哪些方面做得不好时，思考是不是应该做某项改进时，总得有一个判断标准。从根儿上说，就是看它是不是符合或者促进我们想要追求的东西：更好的质量、更高的效率。

然而，我们就是要追求更好的质量或者更高的效率吗？质量真的是越高越好吗？质量和效率有矛盾时怎么办？更高的效率到底是什么意思呢？是指单位时间的产出更高，还是指更节约成本，抑或是指速度更快？我们大概知道，很多问题都需要平衡，并不是对某个单一点的无限追求。但还是要较真儿弄清楚，到底要做好哪些方面，追求什么目标。

2.1 一切为了业务的成功

我们通常在一个组织中工作，与伙伴们通力协作，努力让这个组织的业务获得成功，从一个胜利走向另一个胜利。这个组织可能是一个公司，也可能是一个开源社区。

成功是指提高了访问量、活跃用户数、市场占有率、盈利能力，还是指提高了社会运行的效率、增进了人类福祉等？具体怎样算成功，对于不同的业务是不一样的，这不是本书要讨论的主题。我们关注的是，从软件开发的角度来讲，软件开发如何支持业务获得成功——不论这里的成功对于某个具体的业务来说是什么。

那么，软件开发如何支持业务获得成功呢？粗略地讲，首先要正确地定义软件应该长成什么样子，然后又快又好地实现它。

我们可以把软件开发全生命周期的所有相关活动大致分为两部分，然后分别进行分析。一部分是定义软件应该长成什么样子，也就是定义侧；另一部分是实现它，也就是实现侧。[1]下面我们来看看这两部分的人应该怎么相互配合，支持业务获得成功。

2.2　小步快跑

软件定义侧，定义软件应该长成什么样子。大体上，从 CEO 到产品经理、PO（Product Owner，产品负责人）、BA（Business Analyst，业务分析师）等角色都在做相关的工作：制定正确的战略方向，抓住市场机会，最后落实到做好具体的软件产品设计上，也就是确定软件需求。

软件实现侧，把软件需求落地实现交给用户，其包括架构设计、编程实现、软件交付过程，也包括运维等工作。

我们先来看看软件定义侧要追求的目标：当然是正确地定义软件应该长成什么样子。目标要定得准，如果方向错了，费半天劲开发出来的东西没人用，那可真是浪费。

如何才能做到正确地定义软件应该长成什么样子呢？这可是一个大学问，这里没法全面展开。我们只提与软件实现侧相关的一件事情：根据软件行业多年来发展的经验，应该以比较小的代价多尝试、多探索，然后根据市场反馈采取进一步的行动——是放弃这个方向，还是调整这个方向，抑或是进一步投入、建设、完善。

为什么要这样做呢？是因为需求的不确定性。你也不知道，打算做的这个功能，是不是真的合广大使用者的胃口，将来有多少人用。所以先做一个 MVP（Minimum Viable Product，最小可行性产品）试试看。在不同方向多试试，多打几枪，说不定就打着了。

软件定义侧期待软件实现侧赶紧把这个试验品做出来，交给用户试用，越快越好。为什么呢？因为在单位时间内，能尝试的事情越多，总体来看，先找到正确方向的可能性就越大。假如有两个相互竞争的初创公司，它们在软件定义侧的水平都差不多，但是在软件实现侧的能力有差异，其中一个公司能在半年内尝试三种业务打法，另一个公司只能尝试一种业务打法，那么前者抢先摸到门道的可能性就大得多，先做出来的那个公司，会吃掉大部分市场份额。试错的成本越低，效率越高，成功的概率就越大。

必须得小步快跑：软件定义侧只定义一小步，然后期待软件实现侧快跑。

1　定义侧也被称为产品探索（Product Discovery），实现侧也被称为产品交付（Product Delivery）。请参考 Marty Cagan 演讲中的相关内容（链接 1）。

以上是说，用户的心思拿不准，因此需要做一个 MVP 尽快试试，所以得小步快跑。我们再从另一个角度看一下小步快跑：市场环境可能瞬息万变，昨天觉得还不需要做的，今天可能就着急上线了。比如，竞争对手推出了一个新的市场推广活动，还挺受欢迎，那咱们也赶快"仿"一个，为此需要开发团队赶快配合一下，最好今晚就发布上线。快！赶快！

我们再从第 3 个角度看一下小步快跑。假定需求都调查清楚了，这个需求就是用户想要的，它包括 10 个子功能，每个子功能的上线都能给用户带来一定的好处。用户眼巴巴地等着，不，是软件定义侧眼巴巴地等着软件实现侧赶紧把它们做出来。但都做出来要 10 个星期，因为每个星期可以做出来一个子功能。那问题来了，是把这 10 个子功能都做出来以后，一起发布给用户，还是把每个子功能做出来后就先把它发布给用户呢？当然要尽量选择后者。因为前面已经说了，每个子功能的上线都能给用户带来一定的好处。那让用户早点儿享受多好，哪怕当时还不能享受所有的好处（见图 2-1）。

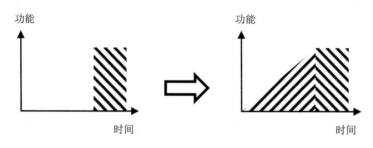

图 2-1　早发布，多受益

所以，从定义侧和实现侧协作的角度来看，定义侧应该不断地定义小的需求，交给实现侧，然后实现侧尽快实现和交付这些小的需求。这就是小步快跑。

2.3　软件实现侧该追求什么目标

现在我们开始分析软件实现侧要追求的目标。为什么要分析它呢？因为软件交付过程是软件实现侧的所有事情中的一部分。我们先把软件实现侧整体要追求的目标分析清楚，然后再看具体到软件交付过程，也就是本书主要研究的范围，要追求什么。

首先是软件实现侧要出活儿。也就是要有较高的产能，或者叫吞吐量（Throughput）。吞吐量是指系统在单位时间内处理请求的数量，在这里就是指软件实现侧在一定的时间内能够实现的软件需求的总量。比如有两个相互竞争的企业，它们在软件定义侧的能力是差不多的，但是在软件实现侧，其中一个企业一年能发布 100 个新特性，另一个企业一年只能发布 20 个新特性，那大概率后者会被淘汰掉。

把更高的产能作为追求的目标，这是"与生俱来"的。哪怕是当年流行的瀑布模式，同样也追求更高的产能。现在我们也同样要追求更高的产能。

那么，如今的软件开发跟当年的软件开发，在理念上有什么不一样的地方呢？从追求目标的角度来看，最明显的变化是，如今在追求更高产能的同时，越来越重视另外一个目标，那就是更快的响应速度。

前面我们分析时说，得小步快跑。靠定义侧定义小步，靠实现侧快跑。跑得快意味着，当定义侧把一个用户故事交给实现侧，说"拜托你赶快做出来"的时候，实现侧真的可以很快做出来，把它发布上线，使前置时间（Lead Time）很短。按照精益思想，追求快速响应、快速实现，可以称为聚焦价值流动效率。

为了更好地理解更高的产能和更快的响应速度这两个目标，我们做个类比，假如你是一个只做外卖生意的饭馆老板，那么你既要关注本饭馆的产能：一天能够炒出多少盘菜，因为这对应着饭馆的每日收入，也要关注本饭馆的响应速度，也就是从用户下单到菜打包好需要多久，因为这影响着食客的用户体验。假定本饭馆的"香菇油菜"这道菜很受欢迎，其中香菇都是干香菇泡发的，食客点了这道菜之后，后厨就去泡发香菇。那你一定会想办法改进这件事情，比如从用温水泡发改成用热水泡发，以求减少泡发时间，或者干脆把一定量的香菇提前泡发好。做这样的改进，大概对这道菜的产能提升帮助不大，因为产能的瓶颈是厨师每小时能炒出多少盘，而不应该是每小时能泡发出多少香菇。就算拿大澡盆每小时泡发出 100 盘，如果厨师只能炒出 10 盘，那还是只能卖 10 盘。但做这样的改进，会对这道菜的响应速度有明显的提升，比如从食客平均需要等待 50 分钟变成只需要等待 25 分钟就可以吃上了。

除了产能和响应速度，我们当然也得关注质量。这里所说的质量，是指用户能够感受到的软件服务质量，所以也包括稳定性、可靠性、安全性等。

注意，跟前面两项追求产能越高越好、响应速度越快越好不同，质量并不是要一味地追求越高越好。到底需要多高的质量，要看具体是什么业务场景。比如，对俄罗斯方块的质量要求肯定不如对无人驾驶汽车来得高。前者就是一个单机游戏，后者可是人命关天。甚至同一个系统内部的不同部分，对质量的要求也可能不同。

为什么质量不是越高越好呢？因为高质量是有代价的。质量越高，代价越大，代价包括产能变低、响应速度变慢、成本变高等。所以要看在特定的业务场景下，达到什么样的质量最"划得来"。所以说我们要追求的第 3 个目标是，适当的质量。

举个例子，谷歌的网站可靠性工程（SRE，Site Reliability Engineering）[1]追求的就是适当的

---

1 参见《SRE：Google 运维解密》一书。

质量。不同的服务有其不同的错误预算：如果每个季度服务的可靠性目标都是 99.99%，那么错误预算就是 0.01%。不用追求零事故运行，只要不超出错误预算就行了。在此基础上，应尽可能地加快功能上线速度。

质量不是非得越高越好，对应地，成本也不是非得越低越好。成本包括人力资源成本、硬件资源的投入、软件许可证的购买等。成本应当是一个适当的、可接受的值。成本不要离谱，比如为每一个开发人员都搭建一套其独占的由 1000 台服务器构成的测试环境来进行整个系统端到端的测试和调试，就离谱了。如果有改进方案，能在不影响产能、响应速度、质量的情况下，把某个方面的成本明显地降一降，那挺好。但是整个软件实现过程的改进重点通常不应该是降低成本——既然是从事生产活动，那么主要关注点应该是创造更多的价值，而不是省钱。

总结一下，软件实现侧要追求的目标通常是：

- 更高的产能。
- 更快的响应速度。
- 适当的质量。
- 合理的成本。

这正好对应"多、快、好、省"：

- 多——更高的产能。
- 快——更快的响应速度。
- 好——适当的质量。
- 省——合理的成本。

当然，你也可以把它对应到项目管理三角形："多、快、省"对应三角形的范围、时间、成本这三条边，而"好"则对应三角形中间经常写着的"质量"两个字。

反正就这四个方面，你觉得怎么好记就怎么记。关键是要理解，更高的产能和更快的响应速度是我们要追求的核心目标，而质量要达到特定业务的要求，同时适当考虑成本。

2.4　软件交付过程追求的目标

本书聚焦于软件交付过程，也就是刨除了前面的设计、编码，以及后面的运维、运营后，中间这段从改动代码到软件发布上线的过程。这个过程要追求的目标是什么呢？

更高的产能，也就是在单位时间内能生产多少新特性，交付过程对它有一定的影响，但相比于对响应速度的影响，交付过程对产能的影响一般不是特别大。粗略地讲，在代码编写和交付这两个环节中，谁的产能低，谁就是瓶颈，谁就决定了从改动代码到软件发布上线全过程的产能。通常代码编写的产能低，是瓶颈。而如果瓶颈都跑到了软件交付这一环节，就会出现这样的现象：越来越多已经开发好的功能积压在一起，等待集成测试和发布。这样的交付过程就太差了。为此需要改进流程和工具以提高效率，也可能需要调整人力资源在代码编写和交付过程中的分配。

在讨论产能时还有一个因素要考虑：资源聚焦。在开发团队（包括开发、测试等角色）总人数不变的情况下，如果通过改进流程和工具，提高了每个人在交付过程中的工作效率，减少了在交付过程中人力资源的投入，就可以把更多的人力资源分配到代码编写中，于是让整体产能更高。比如用开发人员自测试来部分代替测试人员的工作，就能明显减少开发人员与测试人员之间的沟通交互，降低沟通成本，同时可以尽早发现问题，很快定位和修复，提高效率。于是，开发人员占比就可以更高，开发人员投入到代码编写活动中的时间也可以更多。

更快的响应速度，跟软件交付过程很有关系。最理想的情况应该是写完代码就发布上线。中间既没有等待构建的时间，也没有等待部署、测试、代码评审、上线审批和上线时间窗口的时间……于是，一个特性从需求到发布的总体响应时间大大缩短。

当然这只是理想情况。我们要追求的是，让这类时间尽量短。更严谨一些的表达是，对用户有意义的一小块儿完整的代码改动，也就是一个特性，从开始开发算起，其中在写代码之外还需要耗费的时间，反映在关键路径上要尽量短。这是我们要追求的目标。

形象一点儿，一个试探市场反应的 MVP，如果写代码需要三天，上线却要等三个月，那不得把产品经理急死了。但是通过改进，做到一天后就上线了，这对于响应速度的提升是非常显著的。

适当的质量，这一条也跟交付过程强相关。软件交付过程的主要精力就是花在保证质量上。质量不是越高越好，在软件交付过程中不能因为一味地追求质量而无限延长测试时间，而是要通过软件交付过程达到一定的质量要求。但究竟质量要求有多高，这是由特定业务决定的。

合理的成本——同理，这一条也适用。比如，对于持续集成服务器等硬件，配置好一些有利于提高软件交付的速度，但这也肯定不是无上限的。

尽管软件交付过程要追求的一般目标也是"多、快、好、省"，但对它们的关注程度是不同的。关键是要快，快点儿达到业务所需要的质量，让一个特性开发完很快就能上线。

第 3 章
几十年来的探索

在第 2 章中，为了追求总目标"业务的成功"，我们把软件开发全过程的所有事情分为软件定义侧和软件实现侧，通过分别分析，得到软件实现侧要追求的目标：更高的产能、更快的响应速度，同时具备适当的质量，并把成本控制在合理的范围内。进而聚焦到本书的讨论范围——软件实现侧的软件交付过程，其目标应当是在保证质量的前提下追求更快的交付。这是我们追求的目标。那么，如何实现这个目标呢？

事实上，从有软件开发这件事情开始，人们就在不断地想办法优化它，提高开发效率，提高开发质量。让我们简要回顾一下历史趋势，看看从中能学到些什么。

3.1　软件工程

3.1.1　软件危机

"软件工程"这个词是不是听着既有点熟悉又有点陌生？这几年确实提得少了，但它在当年诞生时，是具有划时代意义的。它诞生在 1970 年左右的"软件危机"之时，软件工程对解决软件危机很有帮助。

为什么会有"软件危机"呢？当时的情况是，落后的软件生产方式无法满足迅速增长的计算机软件需求，从而导致在软件开发与维护过程中出现一系列严重问题。

最初的程序设计往往只是一两个程序开发人员，写一个由几百行、几千行代码构成的"小玩意儿"，运行在单台机器上，供少数从事"高精尖"工作的人自给自足地用一用。这种事情，让那些天才兀自去探索就好了。

然而，随着时代的发展，软件的规模越来越大，软件越来越复杂，需要有更好的系统架构；软件开发人员变多了，他们之间需要更好地协调；软件要支撑的用户数量越来越多，需要有更好的性能和可靠性；软件要持续使用和维护的时间越来越长，需要有更好的可维护性，等等。以前的小作坊式的工作方法，当遇到这些情况时就不灵了：开发进度变得难以预测，开发成本难以控制，质量无法保证……这就是"软件危机"。

3.1.2 工程化

那么软件工程怎么解决这些问题呢？软件工程的核心思想是，把其他行业和领域里的工程化经验借鉴过来，以系统性的、规范化的、可定量的工程化方法来开发和维护软件。这包括相应的流程、工具、方法论等。

下面看一个对软件工程的典型的定义。在 IEEE 的软件工程术语汇编中是这么定义软件工程的：定义一，将系统化的、严格约束的、可量化的方法应用于软件的开发、运行和维护，即将工程化应用于软件；定义二，对"定义一"中所述方法的研究。

接下来我们来看看软件工程的七条基本原理。

第一，用分阶段的生命周期计划严格管理。凡事预则立，不预则废。建大桥、盖高楼需要有详细的设计规划和详细的时间计划，软件的开发和维护也一样。应该把软件生命周期分成若干阶段，并相应地制订切实可行的计划：何时完成哪种类型的工作。然后严格按照计划对软件的开发和维护进行管理。这样的计划包括项目概要计划、里程碑计划、项目控制计划、产品控制计划、验证计划、运行维护计划等。

第二，坚持进行阶段评审。对软件的质量保证工作不能等到写完代码后再进行。因为根据统计，大部分错误是在编写代码之前造成的，包括需求分析方面的错误、系统设计方面的错误等。这些错误，发现并改正得越晚，所需付出的代价就越大。所以应该在每个阶段都进行严格的评审，以便尽早发现问题，尽量不让问题遗留到下一个阶段。

第三，对产品需求变更实行严格的控制。在软件开发过程中不应随意改变需求，因为改变需求往往意味着改变计划、重新做系统分析和设计、重新编写代码等，代价往往比较大。当然也不能一刀切地禁止改变需求：在软件开发过程中改变需求是难免的，由于外部环境等因素的变化，相应地改变产品需求是一种客观需要。所以，对需求变更需要进行严格的评审，从多个角度综合考虑，确实需要变更时再变更。并且当需求变更时，要保证其他各个阶段的文档和代码都随之相应地改变。

第四，采用现代程序设计技术。从结构化软件开发技术到后来的面向对象技术等，从第一代语言到第四代语言，人们在不断探索。采用先进的技术，既可以提高软件开发效率，又可以降低软件维护成本。

第五，对中间成果应能清楚地审查。必须找到一种方法，在软件开发项目的最终成果，也就是软件，最终运行起来之前，就能够探测到项目的进度和质量，以便更好地管理和降低风险。为此，软件开发过程中的各项活动，要产生可见的中间产物，比如需求文档、设计文档等。

第六，开发人员应该少而精。开发人员的素质和数量是影响软件质量与开发效率的重要因素，开发人员应该少而精。高素质开发人员的效率比低素质开发人员的效率要高几倍到几十倍，在开发工作中犯的错误也要少得多。此外，随着人数的增加，沟通和协作的成本会显著增加。通过这个简单的模型就能看出来：当开发小组为 N 人时，可能的通信信道为 $N(N-1)/2$ 个。

第七，承认不断改进软件实践的必要性。我们不仅要积极采纳新的软件开发技术，还要注意不断总结经验，收集进度、问题等数据，进行统计和报告。这些数据既可以用来评估新的软件技术的效果，也可以用来指明必须着重注意的问题，以及应该优先进行研究的工具和技术。

以上七条基本原理，主要就是在说，我们要采用工程化的方法来开发软件。

今天我们听到的很多耳熟能详的词汇，都是从那个时代流传下来的。比如：结构化编程、面向对象、需求分析、软件规格说明书、软件质量保证、软件配置管理、可维护性、可追踪性等。软件工程的思想和方法是前人的非常有价值的积累与沉淀，在很大程度上仍在指导着我们的工作。

3.2 敏捷

3.2.1 敏捷的理念

软件工程有很大的进步意义，但是慢慢地，人们觉得好像哪里不太对劲。软件开发跟别的技术领域还是有一些区别的：它是富有创造性的活动，它不是那么可预测和可计划的，并且它的成果往往是等用户用起来才能切身体会到。所以工程化的方法不是 100% 适用。似乎开发过程、角色分工有点儿太复杂、太僵化了，好像各种中间产物特别是文档有点儿太多了，特别是对于小产品、小团队来说，过犹不及！在这样的背景下，敏捷运动兴起了。

在 2001 年提出的"敏捷软件开发宣言"[1]中说，"我们一直在实践中探寻更好的软件开发方法，身体力行的同时也帮助他人。由此我们建立了如下价值观：

---

1 来源：链接 2。

- 个体和互动　高于　流程和工具。
- 工作的软件　高于　详尽的文档。
- 客户合作　高于　合同谈判。
- 响应变化　高于　遵循计划。

也就是说，尽管右项有其价值，但我们更重视左项的价值。"

所以它的核心意思就是，你们引入软件工程，用工程化的思想做软件开发，挺好，上面每句话中的后半句都是有道理的。但是不要太过了，还是要灵活一点、务实一点，这就是上面每句话中的前半句高于后半句的含义。

"敏捷软件开发宣言"遵循的原则[1]有 12 条，这也是它的核心思路。具体如下：

- 我们最重要的目标，是通过持续不断地及早交付有价值的软件使客户满意。
- 欣然面对需求变化，即使在开发后期也一样。为了客户的竞争优势，敏捷过程掌控变化。
- 经常地交付可工作的软件，相隔几星期或一两个月，倾向于采取较短的周期。
- 业务人员和开发人员必须相互合作，项目中的每一天都不例外。
- 激发个体的斗志，以他们为核心搭建项目。提供所需的环境和支援，辅以信任，从而达成目标。
- 不论团队内外，传递信息效果最好、效率也最高的方式是面对面的交谈。
- 可工作的软件是进度的首要度量标准。
- 敏捷过程倡导可持续开发。责任人、开发人员和用户要能够共同维持其步调稳定延续。
- 坚持不懈地追求技术卓越和良好设计，敏捷能力由此增强。
- 以简洁为本，它是极力减少不必要工作量的艺术。
- 最好的架构、需求和设计出自自组织团队。
- 团队定期地反思如何能提高成效，并依此调整自身的举止表现。

总体来说，敏捷是在纠正软件工程过于强调工程化的倾向。当然，如果把敏捷片面地理解成不要流程、不写文档、不做计划，那就矫枉过正了。说到底，是要找一个对特定业务、特定团队来说合适的"姿势"。

3.2.2　敏捷的实践

敏捷的落地，包括管理实践和工程实践两个方面。在管理实践中，接受度最高的是 Scrum，

1　来源：链接 3。

相信读者大多耳熟能详。大体上，Scrum 团队以每两到四周的时间作为一个冲刺（Sprint）周期，也就是做一次迭代。在一个冲刺之初，确定好要实现哪些用户故事（User Story），迭代中一般不会再改变。当迭代结束时，这些用户故事应该已经被集成并且可以演示。可以看出，与瀑布模型、V 模型、RUP（Rational Unified Process，Rational 统一过程）相比，Scrum 是一个相当轻量的开发计划和管理的框架。对于小团队来说，它好上手，招人喜欢。

敏捷的工程实践包括不少内容，其中被普遍采用的有单元测试、持续集成等。相对来说，结对编程、测试驱动开发等还没有被广泛地采用。

其中的持续集成，在 3.4 节中会稍微详细地介绍一下。尽管从敏捷的角度来看，它是敏捷的工程实践之一，但它已经重要和独立到我们应该单独介绍了。

3.3　精益

3.3.1　起源于制造业的精益思想

精益思想起源于制造业。在制造业，传统的思维方式是必须要大规模生产、大批量生产，因为规模越大，规模经济效应越明显；批量越大，准备工作（比如换模具等）分摊到每个工件上的成本就越低。但这样就会有一个问题：需要凑齐一批再开工。每一道工序都是这样的，工序本身不太耗时间，但是要花很多时间等着凑齐一批。以生产一个可乐罐为例：要积攒足够多的氧化铝粉，再用大船运到世界的另一个地方冶炼，因为那里丰富的水电资源使得生产成本更低。"足够多"的意思是 50 万吨，这需要积攒两周。而大船要在大海上航行四周。冶炼也是批量的：一次生产的铝的量要达到能浇铸成几十个一米见方、十几米长的铝锭，因为这样成本更低。但是凑够需要的数量，说不定要等两个月。之后的每一道工序：在热滚轧厂用重型滚轧机进行滚轧，在冷轧厂用冷轧机进行冷轧，接下来的制管、喷漆，全都是这样的。每个步骤可能只需要一点点时间，比如 10 秒钟，然而从执行这个步骤到执行下一个步骤，可能要等待几个星期：材料在仓库里等着，或者坐着船漂泊。[1]

对于消费量大、需求稳定、可预期的商品，这样安排还可以。然而又有多少商品真的是需求稳定、可预期的呢？很多商品都不是千篇一律的，而是个性化的，和/或用户需求难以捉摸的，以至于产品销量难以预测。毕竟，我们生活在 VUCA——易变（Volatility）、不确定（Uncertainty）、复杂（Complexity）、模糊（Ambiguity）——时代。在此情境下，提高生产效率、节约制造成本固然重要，但更重要的是小批量的、灵活的、快速的生产。要让每个产品，从设计师构思到摆

1　这个故事来自《精益思想》一书的第 2 章"价值流"。

到商店橱窗里或者挂到网站上展示的时间尽量短；要让每个产品，从发现用户有大量的需求到把它生产出来并运输到各个用户家里的时间尽量短。这样才能快速试错，把握机会。

也就是说，传统的思维方式是追求资源效率：审视每个步骤和环节的产出效率，追求单位成本的最大产出。而在VUCA时代往往更重要的是流动效率：从用户的角度，审视创造用户价值的过程是否快速顺畅。[1]

为此，精益思想用下面的 5 个步骤来梳理生产全过程，并进行改进。

① 明确最终用户想要的是什么，也就是定义价值。
② 明确产品和服务是怎么一步一步生产出来的，也就是价值流。
③ 想各种各样的改进办法，加快价值的流动。其中最重要的是减少批量，增加批次。
④ 当价值流动足够快后，就可以按照用户实际需要的量来拉动整个生产过程，而不是根据不靠谱的预测。
⑤ 按这样的方法不断改进，追求尽善尽美。

通过这样的过程，就能够不断地发现和消除生产全过程中的各种浪费（Muda）——消耗了资源而不创造价值的一切活动结果，包括需要纠正的错误、生产了却没有人要的或者不能满足需求的产品、库存和积压、不必要的工序、员工没必要的走动和货物没必要的搬运，以及各种等待。于是，整个过程就越来越"精益"了。

3.3.2　把精益应用于软件开发

从 20 世纪末开始，精益思想跨出了它的诞生地——制造业，作为一种普遍的管理哲理在各个行业传播和应用。精益思想对软件开发也很有借鉴意义。

精益软件开发的一个重要内容是精益创业。它要解决的问题是，如何在高度不确定的情况下开创新的产品或服务。这对应到前面讲的精益思想的 5 个步骤中的第 1 步，"明确最终用户想要的是什么，也就是定义价值"。这并不容易。精益创业提出了"开发—测量—认知"循环：循环从一个待检验的概念开始。接下来，循环的第 1 步是开发用以验证这一概念的最小可行产品（Minimum Viable Product，MVP）；第 2 步是基于最小可行产品收集市场和用户的反馈，并获得相关度量数据；第 3 步是用数据验证假设，证实或证伪后加以调整，产生经过实证的认知。然后，进入下一个循环，持续探索商业模式和产品功能的设计。这样的"开发—测量—认知"循环，可以短时间、低成本地探索和发现有用的价值。

1　资源效率、流动效率的概念详见《精益产品开发：原则、方法与实施》一书的第 2 章"精益产品开发的核心原则（上）：聚焦价值流动效率"。

精益看板方法是精益软件开发中一个重要的实践方法，它把还没有发布上线的各个特性都展现在看板墙上，让其可视化。团队能够清楚地看到每个特性的进展状态，这样团队就能方便地知道哪个顺利、哪个不顺利、问题在哪里。此外，如果将太多的特性都放到某个阶段，那么这里大概就会有阻塞、有等待，或者需要在不同的特性之间频繁切换。所以要限制处于特定阶段的特性（也称作在制品）的数量，以防止这样的事情发生。通过这些方法，可以减少浪费，缩短从需求提出到发布上线的时间，提升价值流动效率。

也就是说，精益软件开发的核心逻辑是，要想尽办法尽快把产品方向选对，功能要真正能满足用户的需要，防止跑偏造成浪费。为此，要把大的需求拆分成小的特性来试探，并且把小的特性在设计—开发—集成—发布这个过程中产生的各种浪费尽力消除掉，让这个过程尽可能快，让用户尽快看到这个特性，尽快用起来这个特性，加快用户反馈。

本书 2.2 节中讲的"小步快跑"，大体就是反映了上述思想。

3.4 持续集成

3.4.1 持续集成是什么

Martin Fowler是这么描述持续集成的："（它是）一种软件开发实践，即团队的成员经常集成他们的工作，通常每个成员每天至少集成一次——这导致每天发生多次集成。每次集成都通过自动化构建（包括测试）来验证，从而尽快检测出集成错误。"[1]

更详细的介绍，请参考 2007 年出版的《持续集成：软件质量改进和风险降低之道》一书。

为了理解持续集成，我们先来看看什么是集成。集成包括两个方面：一方面是把各个改动汇聚在一起；另一方面是发现并修复其质量上的问题。

而持续集成就是指让这两类事情都比较频繁地发生。

一方面，将改动频繁地汇聚在一起。持续集成推荐开发者频繁地提交改动，每天都进行一次甚至多次提交。提交到哪里呢？提交到一个公共的集成分支，或者说是主干、主线上。那么在提交过程中，自然就会遇到代码改动冲突，并需要解决冲突。提交完成后，本次代码改动就自然而然地和以前别人提交的代码改动汇聚到一起了。

另一方面，频繁地构建和测试。在持续集成中提到的测试，主要是指可以自动执行且不需

---

1 译文：链接 4；原文：链接 5。

要测试环境的测试活动 [1]，通常包括代码扫描和单元测试。构建和测试首先发生在本地，通过后才提交代码改动。而每次提交后，都将自动触发持续集成服务器上的构建和测试，随后要尽快修复遇到的问题。

3.4.2　为什么要持续集成

为什么要让这两类事情比较频繁地发生呢？

首先，在不同改动的合并汇聚中，每个改动的改动量越大，改动之间潜在的冲突就越多。这既包括代码改动合并时暴露出来的冲突，也包括编译时、运行时暴露出来的冲突。这种冲突随代码量增加的增长速度不是固定的，而是越来越快：把两个分别有 20 人日的代码改动的分支合并到一起，理论上冲突的数量是 10 人日时的 4 倍而非 2 倍。而冲突越多，解决冲突需要花费的时间和精力就越多。因此，早点合并，早点暴露并处理这样的冲突，不仅使每次要处理的冲突量变少了，而且在一段时间内要处理的冲突的总量也变少了。

其次，越早发现问题，越容易修复问题。问题发现得早，便于缩小查找问题原因的范围，容易定位到在哪个开发人员的哪几行代码改动中；问题发现得早，开发人员的思维还停留在当时的开发上下文中，趁着记忆还新鲜，可以很快修正；问题发现得早，还没有和其他问题混在一起，因果关系清晰。

再次，集成后可以工作的代码，有利于跟踪进度和提供对进度的感知。因为跟开发人员本地的代码相比，或者跟设计文档中的描述相比，集成后可以工作的代码，其状态更接近我们的目标：发布给用户使用。

最后，从一个需求提出到发布上线的整个过程来看，越是频繁地集成，越是有利于产品早点发布上线。虽然不一定集成频繁了，发布上线就明显变快，但是反过来，如果集成要等上很久，那么整个过程一定快不了。

让这两类事情比较频繁地发生，于是集成不再是一个漫长且难以预测的过程，而是可以随时进行、随时完成，而且开发人员的负担很轻。

3.4.3　如何做到持续集成

以上讲的是持续集成要做成什么样，以及为什么要做成这样。下面讲怎么做。

- 版本控制：使用版本控制工具，将源代码及构建脚本、自动化测试脚本等纳入版本控

---

[1]　除了构建、单元测试、代码扫描，持续集成也涉及部署到测试环境并测试，但考虑到持续交付也会涉及这部分内容，所以我们将其放到"持续交付"部分来讲。

制中。而将构建的结果放到制品库中供团队随时取用。

- 质量内建：在将系统交给测试人员之前先由开发人员自测，代码级检测优先于系统级检测。
- 自动化：不仅构建、代码扫描、单元测试这些活动本身是自动化的，而且整个流程也应该是自动化的——提交自动触发这一系列活动；在此过程中如果遇到问题，也应自动化地通知到提交人。
- 过程可视化：确保每个人都可以方便地看到系统当前的状态和发生的变更。
- 加速：考虑各种方法提高构建和测试的执行速度，比如增量构建和并行测试；考虑各种办法提高问题的修复速度，比如遇到问题先回退。

持续集成从理念到实践已经成为业界主流，并且还有进一步的发展，也就是持续交付和持续部署。下面分别进行介绍。

3.5 持续交付

Martin Fowler是这么描述持续交付的："持续交付是一种软件开发实践，令软件可随时发布上线……为此需要持续地集成软件开发成果，构建可执行程序，并运行自动化测试以发现问题，进而把可执行程序逐步推送到越来越像生产环境的各个测试环境中（并测试），以保证它最终可以在生产环境中运行。"[1]

Jez Humble是这么描述持续交付的："持续交付是一种能力，能够让各类变更（如新特性、配置变更、缺陷修复、尝试性内容等）以安全、快速、可持续的方式交付到生产环境中或用户手上。"[2]

更详细的介绍，请参考 2010 年出版的《持续交付：发布可靠软件的系统方法》一书。

3.5.1 包括所有质量验证工作

持续交付是持续集成的扩展。首先是扩展到所有质量验证工作：持续集成主要关注的是频繁地把各个改动汇聚在一起，发现并修复其质量上的问题。其中发现并修复问题所采用的主要是不需要测试环境的手段，比如构建、代码扫描、单元测试等。然而，发现问题的方法可不止这些，还需要到各个测试环境中进行其他各类测试。持续交付希望这些需要测试环境的测试也能够比较频繁地发生。

1　来源：链接 6。

2　来源：链接 7。

为什么要让这些测试比较频繁地发生呢？理由跟为什么要持续集成差不多。

前面提到，越早发现问题，越容易修复问题。而构建、代码扫描、单元测试并不能发现所有的问题，还有不同模块间配合的问题、环境配置的问题等有待早点发现，以便早点修复。

前面提到，集成后可以工作的代码，有利于跟踪进度和提供对进度的感知。而经过了部署和更多测试的代码，质量更高，更接近可发布状态，因此能更好地提供对进度的感知。

前面提到，越是频繁地集成，越是有利于产品早点发布上线。而频繁地部署测试环境并测试，亦有利于从需求提出到发布上线整体时间的缩短。于是用户可以更早地将产品用起来，更快地给出反馈。

为了让这些测试能比较频繁地发生，我们需要把以下事情做好。

- 前面提到的版本控制、自动化、过程可视化、加速也要被应用到部署和随后的测试中。比如把自动化应用到测试环境部署中，实现测试环境的自动化部署。
- 一旦涉及测试环境特别是类似于生产环境的测试环境，对环境的管理其实相当不简单。比如如何管理环境中的各种配置及其变更，以及数据库表结构和内容的变更等。这些是从持续集成扩展到持续交付后增加的很大一摊子事情。
- 持续集成中的构建、代码扫描、单元测试，与持续交付中增加的部署测试环境，以及测试环境中的各种测试，虽然都要频繁地做，但是频繁的程度是不一样的。对于那些执行速度快、"性价比"高的测试，则应该很频繁地做，比如每当集成分支收到提交的代码改动后就做；而对于那些比较耗时费力的测试，就不用那么频繁地做了。所以需要自动化流程（比如流水线）支持这样的模式：不同的阶段有不同的频率，还要保证能衔接在一起。

3.5.2　比较频繁地发布上线

持续交付是除了将持续集成扩展到所有质量验证工作，还从集成测试扩展到了发布上线，旨在让发布上线成为一件轻松、容易的事情，可以一键搞定：想发布时，一下子就能发布上去。这样就可以适度频繁地发布上线。

为此需要：

- 将自动化和自助化部署到生产环境，将整个自动化流程延伸到发布上线。如果测试环境已经自动化了，这一步也不难。
- 将生产环境及其组成部分管理起来。如果测试环境已经实现管理，这一步也不难。

以上是持续交付的全部内容：基于持续集成，让所有质量验证工作都适度频繁地进行，并且让发布上线能一键搞定，以进一步缩短软件交付所需的时间，适度频繁地发布上线。

3.5.3 持续部署

我们还常听到一个词，与持续交付相关，它就是"持续部署"。这里的"部署"指的是生产环境部署。

Martin Fowler是这么描述持续部署的："持续部署意味着每个通过部署流水线的变更都被自动地部署到生产环境中，于是每天都会有若干次生产环境部署。"[1]

更详细的介绍，请参考《持续交付：发布可靠软件的系统方法》一书。

持续交付是指适度频繁地发布上线。而持续部署则基于此更进一步，频繁到每当一个版本通过测试时，就立刻自动把它部署到生产环境中。

持续交付并不排斥人工测试，只要它不过于庞大和笨重，不会让测试的频率变得太低就行。然而，持续部署对此的要求要高得多，它要求测试做到完全的自动化。

显然，完全的自动化测试以及更频繁的生产环境部署，能进一步缩短从需求提出到发布上线进而得到用户反馈的整体时间，这是持续部署的主要收益。不过，显然实现持续部署要比实现持续交付困难得多。持续部署是持续交付的极端情况，当然也可以说是将持续交付做到了极致。

3.6　DevOps

3.6.1　DevOps 的诞生

我们从背景说起。

近年来，软件发布的形式发生了巨大的变化：过去常常是刻一张光盘，用户自己来安装软件。而现在越来越多的是提供在线服务，用户通过网页浏览器、移动端应用等来连接和使用在线服务。这样的在线服务，背后常常是一个运行在多台甚至海量服务器上的复杂的分布式系统。这就意味着如果想要发布软件，就需要做与运维相关的一堆事情。

于是就会成立相应的 Ops（运维/技术运营）团队，与 Dev（开发）团队相互配合。要上线了，Dev 团队把一包东西从"墙"的这边扔到"墙"的那边，Ops 团队接着把它部署上线。由

1　来源：链接 8。

于 Dev 团队的根本目标是开发出新特性并把它们发布上线，而 Ops 则特别关注线上运行的稳定性，不希望有任何风吹草动，所以这两个目标不同的团队配合起来就特别拧巴。

那怎么办呢？打破隔阂，加强协作，协作好了就是 DevOps。回望从瀑布模式到敏捷模式的转变，其实质是在很大程度上打破了 Dev 和 QA（Quality Assurance，质量保证，这里指测试）之间的"墙"，让协作更顺畅。而 DevOps 进一步打破了开发、测试与运维之间的"墙"，让 Dev、QA、Ops 甚至 Sec（Security，安全）等更多角色、更多工作协作得更顺畅。这需要从组织结构方面想办法，从文化方面想办法，从工具和流程角度想办法，等等。这么一整套解决办法，就是 DevOps。

3.6.2　DevOps 三步工作法

DevOps三步工作法 [1] 是DevOps的重要方法论。

"第 1 步，实现开发到运维的工作快速地从左向右流动。为了最大限度地优化工作流，需要将工作可视化，减小每批次大小和等待间隔，通过内建质量杜绝向下游传递缺陷，并持续地优化全局目标。

第 2 步，在从右向左的每个阶段中，应用持续、快速的工作反馈机制。该方法通过放大反馈环来防止问题复发，并能缩短问题检测周期，实现快速修复。通过这种方式，我们能从源头控制质量，并在流程中嵌入相关知识。这样不仅能创造出更安全的工作系统，还可以在灾难性事故发生前就检测到并且加以解决。

第 3 步，建立具有创意和高可信度的企业文化，支持动态的、严格的、科学的实验。通过主动承担风险，不但能从成功中学习，还能从失败中学习。通过持续地缩短和放大反馈环，不仅能创造出更安全的工作系统，还能承担更多的风险，并通过进行实验帮助自己比竞争对手改进得更快，从而在市场竞争中战胜他们。"

3.6.3　DevOps 落地实践

2009 年，一场名为"10 + Deploys Per Day: Dev and Ops Cooperation at Flickr"的演讲 [2] 被认为是DevOps 萌发的标志。这场演讲在DevOps的落地实践方面，主要涉及自动化基础设施、共享的版本控制、一键完成构建和部署、特性开关、共享度量统计、即时通信机器人这六种技术手段，以及尊重、信任、对失败的正确态度、避免指责这四个文化方面的要素。再后来，不断有新的方法和实践被添加到这个工具箱中。而工具箱的名字，就叫DevOps。

1　参见《DevOps 实践指南》一书。

2　来源：链接 9。注意，原文位于境外网站上。

想当年敏捷兴起时,敏捷的概念和范围不断扩大。2010 年,Ivar Jacobson 在一篇博文中说,"过去你问我支不支持敏捷,我会说哪些支持,哪些不支持,并给出我的理由。但现在你再问,我就只能回答支持。因为,如今敏捷的意思已经演变成'软件开发中一切好的东西'。"

DevOps 也一样,它在吸纳越来越多的东西。比如把安全涵盖进来,甚至为此有了一个新名词——DevSecOps。如今,在 DevOps 协作框架下,安全防护是整个 IT 团队的共同责任,需要贯穿于整个软件生命周期的每一个环节。

现在 DevOps 越来越变成软件设计、开发、集成、测试、发布、运维、安全中一切好的东西的集合。那好的东西从哪里来呢?好的东西很多都是从软件工程来的,从敏捷和精益来的,从持续集成、持续交付来的,从容器化、微服务、云原生来的。DevOps 逐渐变成了一个标签和代称,实质上是在讲,如今软件设计、开发、交付、运维该怎么组织。

3.7 技术方面的演进

以上介绍的内容主要是软件开发过程方面的探索。下面简要回顾一下技术方面的演进。

3.7.1 软件架构

早在软件工程时代,即诞生了结构化编程:不能 goto 跳来跳去,应该有良好的程序结构;还应该是模块化的,模块之间有清晰的分工和边界。

后来面向对象成为潮流。面向对象分析、面向对象设计、面向对象语言支持面向对象编程实现。看那时的宣传材料,仿佛面向对象就能够解决所有问题。

同时,人们对模块化也不断有了新的认识和实践,衍生出组件、插件等方式,以及静态链接库、动态链接库等实现方法。在这方面,近些年最重要的趋势是,大型单体应用被越来越多地拆分为微服务甚至函数服务。本质上,系统的不同部分,不再是构建时被组装到一起,而是运行时被组装到一起。这意味着解耦得更好、灵活性更强。

软件复用也越来越被重视,因为复用已有的工作成果,可以使新产品、新功能的开发更快、成本更低。事实上,这几年中台概念的火爆,说到底就是得益于软件复用做得好。那么如何复用呢?可以共享某些组件,也可以共享平台/框架供不同的插件接入。不论怎么复用,首先都要把系统架构设计好,特别是要做好分层。

3.7.2 部署运行

在部署运行方面,先是出现了虚拟机技术,把一台实体物理机分割成若干虚拟机,降低了成本。不论是实体物理机还是虚拟机，Puppet、Ansible、Chef 等服务器配置管理工具都让运维人员轻松了不少。

随后是以 Docker 为代表的容器技术逐步成熟和实用。在容器编排管理方面，Kubernetes 已成为事实上的工业标准。而基于容器及其编排的云原生（Cloud Native）这个概念也越来越受到关注。

3.8　它们之间是什么关系

XXX 和 XXX 之间是什么关系？这是一个经常被问到的问题。这个问题没有明确的、无争议的答案。因为前面讲的那些潮流和运动本身，就经常没有公认的标准的定义、明确的内涵和外延，它们之间的关系也相应地变得复杂和模糊。某一项具体的实践，常常出现在不同的"学派"中。而每个"学派"又大都有天然的倾向，把自己打造成无所不包：敏捷无所不包；DevOps 无所不包；持续交付也出了 2.0 版，无所不包……

这里给出一些相对客观、相对主流的观点。大体上来说：

- 近二十年来的各种思潮，都是基于软件工程，对软件工程的补充、纠偏和发展。
- 敏捷和精益如今经常被一起提及。
- 持续交付是持续集成的自然延伸，而持续部署是持续交付的终极"梦想"。
- 持续交付的范围和实践与 DevOps 的范围和实践很接近，它们都把 Ops 拉进来，解决部署和环境相关问题，彻底打通从开发到上线的全链路。
- 从流程范围来看，与 DevOps 相比，敏捷主要关注开发和测试之间的协作与融合，对部署到类生产环境进到生产环境中的相关问题则关注较少。而精益的流程范围则比 DevOps 更宽，它包括软件开发全过程——既关注软件定义侧的精益创业，也关注软件从定义到开发再到发布的完整价值流的效率。
- 从关注内容来看，尽管敏捷和精益都既包括管理实践，也包括工程实践，但在实际工作中提及敏捷和精益时，经常指的是它们的管理实践，比如 Scrum、看板墙等。而持续交付、DevOps 更关注工程实践，比如流水线、自动化测试、自动化部署等。
- 对工具的重视程度也是不同的。在敏捷看来，"个体和互动 高于 流程和工具"，而持续交付、DevOps 都很重视开发工具平台的建设，以自动化、自助化为导向。

那么，对上述这些软件开发过程及其支持工具等方面的探索，与容器、微服务等软件架构和技术方面的演进，又是什么关系呢？它们是相互成就的关系。例如，如果没有以流水线为代表的流程自动化，那么当将应用拆分成多个微服务时，不论是测试还是发布都很麻烦。而在反方向上，容器化使得新建一个测试环境变得便宜和容易，于是可以有更多的测试环境，让开发人员尽早进行测试，尽早发现和修复问题，而不用等到集成后再部署到测试环境中，由测试人员进行测试。

最后，本书和这些"流派"之间是什么关系呢？本书不是要开创一个新的"流派"。本书聚焦于软件交付过程这个领域（或者说这个学科），努力把它成体系地讲清楚、讲明白。如果将来有了新的"流派"，那么本书的未来版本大概也会把它吸纳进来。

在实际项目中，我们要面对软件交付过程这个领域，结合具体情况，取"百家之长"，综合运用。本书介绍"百家之长"，讲解如何综合运用。

第 4 章

做好软件交付的 10 个策略

在前面的章节中，我们定义了软件交付过程的范围——把软件开发全生命周期分为软件定义侧和软件实现侧，软件交付过程是实现侧的一部分，大体是改动了源代码之后，改动逐步汇聚，质量不断提升，这个过程一直持续到发布上线。

那么，怎么样算软件交付过程做得好呢？我们分析了软件交付过程要追求的目标：在"多、快、好、省"这四个维度中，通常聚焦于在保证质量的前提下更快地交付。

如何做到呢？我们大致梳理了软件开发"从古至今"的思潮、运动、方法、实践，从软件工程到 DevOps，它们之间有演进、有纠偏、有补充，也有大量的交叠。做这样的梳理，是为了能够融会贯通，以便综合运用。下面我们就来看看对它们做到融会贯通以后，提炼出来的 10 个策略。

4.1　细粒度、低耦合、可复用的架构

4.1.1　软件架构

好的软件架构让软件能够比较容易地扩展新的功能，或者改进已有的功能，从而让软件具有较高的可维护性、可复用性。而从软件交付过程的视角来看，软件架构也很重要。

例如，无论是一个大型的单体应用，还是一组在运行时相互配合的微服务，对软件交付过程有什么影响呢？如果是大型的单体应用，则意味着构建慢，部署也慢，写几行代码想运行一下试试，半小时后见结果。此外，由于构建时就绑定在一起，所以总有很多人在修改，一起集

成，一起测试，有很多协调工作要做，而且还相互拖累——一旦某一部分出现问题，整体进度就会被拖慢。

而如果是微服务架构，那么对每个微服务的构建和部署就快得多。如果各个微服务之间的耦合性较弱的话，则通常开发一个新功能只需要改动某一个微服务即可。于是各个微服务可以分头集成、测试和发布，而不会相互影响、相互等待，不用"等火车""赶火车""扒火车"，减少了等待时间。系统解耦得越好，各个子系统、微服务的交付过程就越独立自主。

软件不仅是由代码组成的，还包括软件部署运行的环境，以及各种配置参数、数据库表结构等。它们之间的耦合性最好也比较弱，可以分别单独进行修改变更。例如，不必因为不同环境中配置参数的不同而重新构建源代码，也不必因为调整业务配置参数而重新走一遍"开发—集成—测试—发布"流程。这也是软件架构要支持的内容。

构建慢、部署慢、测试慢，代码合并冲突多，集成频率低，发布频率低……遇到这些情况，先往上游看看，看架构是否合理，有没有改进的空间。如果架构是分层、分模块的，模块是细粒度的，模块间是低耦合的，各模块是可以分别构建和部署、在运行时才通过 API 相互配合的，那么集成、测试、发布就好做，就快；反之就不好做，就慢。

4.1.2 测试脚本和测试数据的架构

软件架构首先影响代码编写的效率，这发生在软件交付过程之前。而软件架构对软件交付过程本身的影响，倒像是"副产品"。相比之下，自动化测试脚本和测试数据的架构，对软件交付过程最重要的影响就是：测试脚本和测试数据的架构好，实现测试用例的速度就快，就好维护，就可以进行更多的自动化测试。于是，软件交付过程就更快了。

比如数据驱动是把测试脚本与测试数据分离，同一个测试脚本可以跑好几批数据，分别测试各种正常情况、边界情况、异常情况。这样，就不必为每种情况再写一遍高度类似的测试脚本了。

再比如页面对象模型，以 Web 页面或移动端原生应用页面为单位来封装页面上的控件，以及控件的部分操作。而测试脚本调用操作函数，基于页面封装对象来完成具体的页面操作。这样，可以清楚地看到在什么页面上执行了什么操作，也可以更容易地将具体的测试步骤转换成测试脚本，同时代码的可读性和可维护性也得到了大幅提升。

类似地，还有业务流程抽象、关键字驱动等。这些方法的本质都是通过合理的分层架构来提高复用性。

4.1.3　组织架构

软件系统的架构，以及测试脚本和测试数据的架构，要细粒度、低耦合、可复用，由人构成的组织的架构也是这样的。组织架构也要小团队、低耦合、可复用，为的是开发并上线一个新特性，最好是一个小团队甚至一个人就能完成，自主完成工作。不然就会出现很多人和人之间，以及团队和团队之间的配合协作、排优先级、工作交接等事情，这些都是很消耗时间和精力的。

在敏捷中经常提到的特性团队是这么定义的："特性团队是指长期的、具备交付价值所需的各种角色的、可以协同完成完整用户价值交付的团队。"注意，"特性团队"中所说的特性，不是指几天就能开发完成的一个小特性，而是更像一个需要长期开发和维护的独立产品，或者一个完整功能。我们把特性团队的定义拆解来看看。

- 长期团队。团队应该长期负责某个系统或者系统的某部分，比如某个子系统、某个功能或者某个组件。也就是说，一方面，团队不能总是打一枪换一个地方；另一方面，某块内容总是有一个长期负责它的团队。为什么呢？因为随着时间的流逝，这个团队对其所负责的部分越来越了解，开发效率就会越来越高，交付效率也会越来越高。并且团队会有主人翁责任感，始终注意不让架构腐化或别那么快地腐化。此外，在有后续需求或者发现缺陷时能迅速做出反应。总之，这个团队对这个部分越有自主性，效率就越高，也越让人踏实。
- 跨职能团队（或者叫全功能团队、全流程团队、Stream-aligned team 等）。这个团队具备交付价值所需的各种角色——每个职能部门不能都是一个竖井，以至于设计、开发、集成、测试、发布时必须到各个职能部门转一圈儿。各种测试工作，最好是团队内部的开发人员和测试人员一起就能完成，而不是每次都跑到测试部门去申请本次测试资源。部署操作也一样，不论是往测试环境中部署还是往生产环境中部署，都应该由团队自己轻松完成，无须提交变更单给运维人员。敏捷运动兴起时，重点强调了需求、开发、测试最好由一个团队负责，而 DevOps 运动将其扩展到了部署运维以及安全。
- 独立完成开发。各个开发团队之间的划分也有讲究，本质上也是要自主、要解耦。一个新功能的开发，或者一个已有功能的改造，最好是一个团队就能单独完成，而不需要牵扯到若干团队，比如，必须由他们分别来改各自负责的源代码，否则在软件交付过程中出现跨团队的集成、测试、发布等一系列协作时，会很麻烦。如果软件架构做得好，细粒度、低耦合，那么就比较容易实现各个开发团队之间的解耦：不同开发团队和软件模块相互对应。由于通常改一个模块就能实现需求，这就意味着一个需求由一个开发团队就能独立实现。

除了特性团队定义中提到的上述三个要点，团队规模也很重要。你可能听说过亚马逊的"两个披萨原则"[1]。一个团队 5~9 人最佳，团队再大最好也别超过 15 人，更大的团队就要细分，让每一部分专注于自己的业务，并且拥有相当程度的自主性，可以对结果负责。它的核心是要提高运作效率。

有人是这么评论亚马逊的做法的："你可以在不添加新的内部结构或直接报告的情况下添加新的产品线，你不用开会、不必经历一系列项目流程，就能在物流和电子商务平台上添加它们。你不需要（从理论上说）飞往西雅图，安排一场会议，让人支持你在意大利开展的项目，或者说服任何人将新业务加入他们的路线图。"

除了细粒度、低耦合，好的组织架构还有一个重要特点就是可复用。以软件交付为例，应该有组织级的工具平台团队，来评估、比选、引入、运维、集成、定制甚至开发与软件交付相关的工具平台。这比让每个开发团队都重复地做这些事情要划算得多。在推动软件交付过程的改进方面，最好也要有组织级的领导协调，根据本企业的业务特点，制定相对统一或至少比较收敛的规范和流程，让相关人员不用费心就能走上正确的道路，而组织结构调整、转岗之类的人员流动所带来的学习成本也会明显降低。

此外，要留意康威定律。康威定律说的是，你把组织结构做成什么样子，那么所开发的软件系统的架构就会长成什么样子。所以，为了让软件系统有一个好的架构，就需要对组织结构深思熟虑，让它符合我们想要的未来的系统架构。

总之，需要有合理的组织架构，其中的核心就是细粒度、低耦合、可复用，让每个团队都具备自主性，独立负责一个模块，而这个模块是细粒度、低耦合甚至是可复用的。于是，整个软件开发过程就会顺畅、高效得多，当然也包括其中的软件交付过程。

架构细粒度、低耦合、可复用，自己完成一件事情，不要总是动辄牵扯到别的人、别的事，这是软件交付的第 1 个策略。合理的组织架构、软件架构、测试脚本与测试数据架构，让软件交付过程顺畅、高效。

4.2 小批量持续流动的流程

我们前面讲过，软件交付过程要追求快，从改一行代码到把它发布上线，都要尽量快。因为从确定需求到设计开发再到发布上线的整个流程，就是要尽量快。那么如何做到呢？一个重要的策略就是不要等待。

1　来源：链接 10。

4.2.1　大批量带来等待等问题

观察瀑布模式中的等待：由于大批需求被一起规划设计，所以尽管每个需求可能只需要不多的设计时间，但是需要等待所有的需求都被设计好后才能开始实现。大批需求带来很大的开发工作量，在实现某一个具体小功能时，可能只需要不多的时间，但需要等待所有的功能都实现后，才能进行集成。大量的软件改动带来繁重的集成工作，如果到项目后期才集成和测试，那么就要等问题一个个冒出来并被解决掉，说不定还需要多轮测试。总之，对于软件的一点改动，花在它本身的功能设计、代码实现、质量保证上的时间可能并不多，但是由于总是需要凑齐足够的需求才能往下推进流程，所以等待的时间就会很漫长。最后的效果就是从确定需求到发布上线的整个流程，很慢。具体到本书关注的软件交付过程，也是很慢的。

当总是需要凑齐需求时，还会带来一些连锁反应，让流程变得更慢。其中最明显的问题是，修复一个 Bug 所花费的时间变长了。比如你改了几行代码，当时就得到了反馈，提示写得有问题，那么你自然就只需要在那几行代码中排查。那几行代码又是刚写的，记忆还新鲜，很快就能找出原因并改正。但是，如果过了很久才得到反馈，那么你就不知道问题是具体哪个地方的改动引起的，从而导致排查困难。而且那段程序的结构和逻辑，你可能也记不清了，又要重新熟悉，重新进入状态。

4.2.2　短周期、小颗粒度、减少在制品

这么看来，等待真不是一件好事儿，要尽量避免。如何避免呢？别凑一大批！也就是说，要在各个方面追求小批量：小批量的设计功能、交代开发任务，小批量的集成，小批量的测试，小批量的发布。这样就有可能让整个流程持续地流动起来，而不是走走停停。

瀑布模式显然违背了这一策略，导致了漫长的交付周期。而如果将四周甚至两周作为一个迭代周期的话，相比之下就好得多。然而这并不是终点，它可以更好：一方面，迭代可以一直延伸到上线，而不是止步于内部演示版本，上线才是真正的 Done；另一方面，一次迭代包含了多个需求，它们之间还是会相互等待、相互影响的。所以，更理想的情况是每个需求都可以在精益看板墙上不受干扰自主地往前走：开发、测试直到发布。也就是说，想改就改、想测就测、想发就发。

这里需求的颗粒度也有讲究，不要太大。所以在精益需求分析与管理实践中，要做需求拆分：将大需求拆分成小需求，可以分别独立开发和发布上线。这也符合小批量的原则。

在精益方法中还提到了控制在制品数量，因为在制品数量大意味着排队等待时间长，也意味着一个人可能要并行处理多件事情，需要频繁切换。控制在制品数量，也符合持续流动这个原则。

4.2.3　小批量持续流动的交付过程

以上是从敏捷和精益的视角来看小批量持续流动这个策略的。下面我们来看看持续集成、持续交付是如何践行小批量持续流动这个策略的。

持续集成意味着代码改动要及早和经常提交与合并，这样有利于减少合并冲突和错误，并且在彼此工作有依赖时，能及时获取到别人的改动，及早开工。

持续集成还意味着及早和经常构建与测试。一旦收到提交的代码，就自动进行构建、静态代码分析、单元测试等工作，以便尽早发现问题，而不是非要凑齐再开始。显然，这也符合小批量持续流动的原则。

持续交付更进一步，把及早和经常做的事情扩展到了部署到测试环境并测试，甚至扩展到了及早和经常发布上线。

可见，敏捷、精益、持续集成、持续交付，它们都反映了这个重要的策略：小批量持续流动。

以上讲的是大的方面。根据小批量持续流动这个原则，在集成发布阶段还有不少细节值得注意。比如发布窗口应当尽量去掉，做到无须等待、随时发布。

4.3　运用综合手段保证质量和安全

我们前面讲过，源代码改动发生后的软件交付过程，主要包括三类事情：一是各种类型的检查、测试和反馈，以保证质量和安全；二是改动的合并汇聚；三是软件形态的转换，即将源代码编译构建为安装包，经过部署，转换为软件系统运行起来。若论所需的时间和精力，其中第一类事情是最大头。接下来就围绕着第一类事情来讲"运用综合手段保证质量和安全"这个策略。

4.3.1　各种各样的测试

为方便起见，我们把代码改动发生后进行的各种类型的检查、测试和反馈，统称为"测试"。各种各样的测试，用来发现软件中的缺陷，以及稳定性、可靠性、安全性等方面的问题，也用来发现软件与产品设计不相符的情况，并探测用户是不是喜欢。下面我们来看看这个广义的测试具体包括哪些测试方法。

首先，它包括我们平常说的测试，也就是程序运行起来的测试，比如单元测试、集成测试、系统测试等。同时它也包括无须程序运行，直接对源代码或安装包进行的静态检查，比如代码扫描、代码评审等。

其次，它既包括人工测试，比如人工的 UI 测试，也包括自动化测试，比如自动化接口测试。并且，测试不仅可以发生在测试环境下，也可以在生产环境中做测试，比如生产环境的全链路压测、混沌工程、灰度发布、A/B 测试等。

最后，虽然构建、部署活动不是以测试为主要目的的，但是从测试的角度来看，它们仍然属于某种测试：测试程序能不能构建，测试程序能不能部署。此外，生产环境部署过程本身，可以采用灰度发布、蓝绿部署等方式来降低风险。严格地讲，这也属于测试。

这么多种测试手段，我们该怎么选用呢？核心思路是，根据实际情况，综合运用多种手段：一是在合适的时机做合适的测试，不能一味地强调测试左移或测试右移；二是并非所有的事情都应该分派给测试人员或者开发人员；三是自动化测试并不能完全取代人工测试。接下来我们进行详细分析。

4.3.2　左移+右移

我们先来看在合适的时机做合适的测试。

有些测试很"便宜"，可以早早地做、反复做、经常做，所发现的问题可以很快得到修复。但这样仍然会有不少漏网之鱼。那些"贵"一些的测试，则可以进一步找出问题，当然，发现问题的代价和修复问题的代价都要大一些。还有些测试，必须搭一个测试环境来做，不仅太"贵"了，而且效果可能也不好，所以干脆到线上去做。

一会儿说测试左移，也就是尽量写完代码就测试；一会儿又说测试右移，跑到线上去做。其实它们并不矛盾，这正是体现了不同的测试手段都有相应的使用时机、场合和策略。

4.3.3　测试人员+开发人员

测试该由谁来做呢？对源代码本身的检查当然由开发人员来做，也就是代码评审甚至结对编程。那把软件运行起来之后做的测试呢？一般来说，越是专业能力的测试，就越是倾向于由测试人员来编写和执行，比如探索性测试、安全方面的测试等。而越是与编程实现相关，对系统结构中某个组件甚至某个函数和类进行的测试，就越是倾向于由开发人员来编写和执行，比如单元测试、对单个接口的自动化测试等。

4.3.4　人工测试+自动化测试

自动化测试并不能完全取代人工测试。一般认为单元测试、接口测试是可以完全自动化执行的。而自动化的代码扫描尽管可以发现不少问题，但不能完全取代人工的代码评审。人工的探索性测试也没法自动化完成。一般来说，需要反复执行的、检查判断有明确标准和规则的测试适合自动化完成，然而并非所有的测试都是如此。

自动化测试要根据实际情况，逐步将自动化的比重和测试覆盖率提高到一个合理的范围内，还要按不同的测试类型，比如单元测试、对单个接口的自动化测试、接近端到端的自动化接口测试、自动化 UI 测试等分别考查，确定自动化的比重和测试覆盖率多大，确定对于特定场景来说是否合理。

4.3.5　综合运用

这么多种测试手段，不是必须要全部用上。流程设计得简单点儿还是复杂点儿，每个活动要做得多么深入、全面，也需要根据系统/产品/模块的具体情况来定。总体来说，越是对质量要求高的产品和服务、越是复杂的紧密耦合的系统，就越是需要步骤多一些的流程，流程中的每一件事情就越是需要严防死守，深入、全面地做。反之，就可以简单点儿做，抓重点做。

应该为不同的测试手段各分配多少力气，这个话题通常被称为测试分层策略。测试分层策略有理想主义的金字塔模型、更务实的橄榄球模型等。而在整个开发、集成发布流程中，何时该做哪种测试、以什么频率测试、如何进行质量卡点，则是集成发布策略的一部分。

4.4　自动化与自助化

我们先从自动化讲起。自动化可以节省时间，因为机器比人做得快；自动化可以节省成本，因为不需要为机器付工资；自动化可以带来可重复性，因为机器严格按照人预先编排好的方法来执行；自动化可以完备记录当时的执行情况，便于将来追溯、排查和审计。所以凡是有明确规则的、只要按照规则来执行和判断就可以的活动，都应该考虑实现自动化。

4.4.1　单项活动的自动化

对于单项活动的自动化，比如自动化构建、自动化安全扫描、自动化部署、自动化测试、自动化监控，要尽量提高自动化的程度。以部署为例，在各台服务器上执行脚本部署，这实现了一定程度的自动化，而再进一步，则是要实现在工具平台上一键完成部署。对于自动化测试，除了要关注测试执行的自动化，还要考虑测试脚本编写本身一定程度的自动化，比如自动化生成一些框架性内容。

4.4.2　流程的自动化

对于流程的自动化，典型的持续交付流水线就是指把各项活动串起来，尽管其中有些活动本身可能还没有做到自动化，比如人工审批环节。

当特性分支开发完成后，通过 Pull Request 或者 Merge Request 过程合入集成发布分支。如果 Pull Request/Merge Request 包含了一些流程控制，那么它也实现了某种流程的自动化。比如设置为，只有当特定评审人进行人工评审并通过，且自动触发的构建、代码扫描、单元测试等活动也执行通过时，才能算作 Pull Request/Merge Request 通过并完成合入。

OA（Office Automation，办公自动化）语境下的工作流，比如"一次申请—审批—流转—跟踪—催办"，也是某种流程的自动化。典型的，如一个申请线上变更的工单的流转。当然，如果在审批通过后触发自动执行变更，那么它就进而触发了单项活动的自动化。

4.4.3　自助化

自动化工具要好用，其中比较重要的一点是，用户可以方便地自行配置使用，也就是自助化。以应用部署为例，最基本的自动化是指由专职人员（这里指运维人员）登录到服务器运行脚本，如果做得好，则应该是由普通使用者（通常指开发人员）做一些简单的配置之后，每次点击一下按钮，就能完成部署全过程，将应用程序的新版本分批部署到各台服务器上。

事实上，不仅是自动化工具要好用，实现自助化，而且凡是与软件交付过程相关的软件工具、软件服务，也都应该操作便捷，实现自助化。

4.4.4　相关支持

为了能够自助使用工具，对工具的使用权限应该适当放开。不要总是想着通过限定哪些人可以使用工具让操作更安全，因为这会带来不同角色之间沟通、协作的成本，是不得已才使用的方法；而是应该尽量通过使工具更容易掌握和使用，以及通过增加工具的防护措施来避免人为出错，让操作更安全。

另外，所有的软件工具、软件服务都要有明确的负责人来负责其运维工作，以保证其稳定性甚至高可用性。

4.5　加速各项活动

4.5.1　为什么要加速

我们希望缩短从写完一行代码到这个改动发布上线、被用户感知到之间的时间。为此，要尽量减少这个过程中的各种等待，也就是要小批量持续流动。那么，还有没有其他办法可以帮助缩短流程的整体时间呢？答案是肯定的。另一种直观的办法是，加快整个过程中每一项具体工作的处理速度，比如加快构建的速度、单元测试的速度、部署的速度等。当然，这些加速是在保质保量地开展该项活动的前提下进行的。

这些加速其实是有一些通用的思路的。比如不少构建加速的思路，也可以用在单元测试的加速上。下面我们来具体看看这些思路。

4.5.2 加速的通用思路

第一，提高硬件的能力。 使用更快的 CPU、更快的存储设备、更高的带宽等。此外，在执行某项任务时独占一台机器，或者至少不要在一台机器上并行执行太多的任务，也能加速。

第二，考虑并行处理。 把整个任务拆分成若干个小任务，然后这些小任务在不同的进程中甚至不同的机器上并行执行。典型的，如自动化测试时把 1000 个测试脚本分成 10 组，在 10 台机器上并行执行；或者人工测试时把 1000 个测试用例分成 10 组，让 10 个人并行执行。再比如部署和分发时可以考虑使用 P2P 的方法加速。当然，这需要一系列的支持和保障，比如测试数据不能相互干扰、P2P 需要特定算法实现等。

第三，避免重复。 做过的事情不用再做一遍。比如，某个源代码版本在部署到集成测试环境前已经做过一次构建，当将它部署到预生产环境中时就不用再做一次构建了，使用上一次构建产生的安装包就行。类似地，可以消除一些重复的代码静态分析、自动化测试、自动化部署等活动。

第四，只关注增量。 这其实是避免重复的升级版，但是更细致。在构建时，如果其中的一部分源文件已经被自己（或别人）编译过，那么在链接时把这些源文件对应的目标文件拿来用就行，不用再编译一遍了。代码静态分析也可以只分析本次改动的部分。在人工测试中长期以来广泛采用的方法是：集中力量优先测试本次修改可能影响到的功能。

第五，使用某种缓存方法。 先预备好要使用的东西，而不是在需要的时候现做。比如 Maven 构建时在本机缓存的.m2 库。把外来制品同步到组织内部的制品库，而不是每次需要时都从外网下载，这是缓存的思路。把构建环境做成资源池，想用的时候，立刻就能分配用上现成的资源，用完还回去而不是立刻销毁，这也是缓存的思路。

当然，除了上述这些通用的思路，还有一些是特定活动可以使用的特定思路。比如测试的加速，不仅仅是测试执行的加速，还包括测试用例和脚本编写的加速。

4.6　及时修复

从写完一行代码到将这行代码发布上线，其间经历了一项又一项活动，以及各种等待。然而这并不是全部，只是理想情况。每一项活动都有可能失败，都有可能检测出问题，于是需要修复问题，需要返工，甚至返工多次。

那么，我们是否应该尽量避免遇到问题？当然不是。这些活动的目的（之一）就是发现问题并修复，以便让质量提升到最终足以发布的程度。但关键是，发现了问题要及时修复。

4.6.1　为什么要及时修复

在集成测试阶段发现的问题要及时修复，趁着开发人员的思维还在编程上下文里，定位和修复问题都比较快。此外，有些严重问题，比如构建没有通过或者系统无法启动，会阻碍集成发布流程的继续流转，甚至影响继续开发。在集成分支上进行的持续集成，就好像交通运输大动脉一样，既是进一步测试所依赖的，也是开发人员相互之间交换代码的场所，如果这里堵住了，那就全堵住了。所以，如果这里出现了问题，一定要及时修复。

如果代码改动已经上线，那么这时暴露出来的问题更是要及时修复——出现故障要及时处理，对于严重的缺陷要考虑紧急修复，对于不那么严重的问题也要抓紧排期。所以说及时修复是一个贯穿始终的策略。

4.6.2　如何做到及时修复

要想做到及时修复：

第一要义是通知要及时和精准。 要及时把发现的问题通知到负责处理问题的人，最好是通知到直接工作的人。比如代码改动提交触发的测试，发现问题就自动直接通知给代码改动人，而不是通知给特定的协调人，因为最后是由代码改动人来处理和解决问题的。另外，也不建议进行广播，恨不得所有人都停下手头的工作，一起来"吃瓜"——这又有什么实际的作用呢？通知手段以即时聊天等实时通知手段为佳。而如果是故障，则需要有一套规范的故障处理流程，保证故障被及时处理。

第二要义是优先处置。 比如在集成过程中出现了问题，要有机制保证开发人员会高优先级快速响应。我们可以做相关统计，定期晒晒数据，看看是谁经常拖后腿。还可以考虑，如果在一定的时间内没有解决问题就自动升级，通知团队负责人。

第三要义是修不如退。 修就是指修复——找到具体原因，修改代码，然后发布修复后的新版本。退是指回退到上一个好用的版本，或者把有问题的改动摘除。在处理线上故障时常使用前者；而在处理集成过程中的问题时，有时候会使用后者，把有问题的代码改动提交/合入摘除，这是后者的典型应用场景。情况越紧急，影响面越大，就越要采用退的方法而不是修；修起来难或者不确定难不难，也要采用退的方法。

第四要义是便捷排查。如果不是一退了之，而是真正修好的话，那么就需要能够方便地排查问题，快速地定位问题。对问题的准确定位是一门学问，我们用它来对抗告警风暴。而在定位到具体问题后，要想修复，还要深挖问题根源。这时候就需要好用的日志。此外，在测试环境中，应该能够快速精确地复现线上问题，进而进行调试。想一想，在实际的项目中，容易做到这一点吗？

4.7 完备记录，充分展现

说到与软件交付相关的各种工具，其大体上分为两类：一类是能够自动化地执行、自动化地往前推进流程的工具（我们前面讲过）；另一类是辅助人工作的工具。怎么辅助呢？主要是把所有有用的信息都记录下来保存好，让想获得它们的人能够随时方便地查看。就好像我们日常生活离不开眼睛，组织团队共同协作也离不开各种记录和呈现：我们想知道当前进展，我们想知道下一步要做什么，我们想知道问题是在哪里发生的、是如何发生的。

不仅是"我们"想知道，"他们"也想知道。有些组织对预算执行情况有非常严格的审计制度，并且对过程成果物的数量和完整度也有很高的要求。如果"我们"工作的过程、状态、结果可以被自动化地记录下来，并被自动化地统计、整合、归档以供审计，那么就会节省很多额外的人工投入，而且自动记录比人工记录更客观、更可信。

4.7.1 任务及其执行情况

对于对工作项的记录和跟踪，比如缺陷、需求（如用户故事）、开发任务等，都是工作项。记录工作项的目标和内容、相关详细情况，然后跟踪它们，看它们的状态流转过程，直到完成。这是工作项管理工具（或称为变更请求管理工具）提供的基本能力。

当我们建立 Scrum 中的 Sprint Backlog，并且以精益看板墙的形式展现它们时，计划和进度就变得透明、直观。

对于流程状态，在工作项管理中常会设置一些状态流转的规则，比如对开发人员标记为"已完成"状态的缺陷，只能执行"通过验证"操作到"关闭"状态，或者执行"重新打开"操作回到"待解决"状态。这其实已经有一些流程自动化的成分了。而在 4.4 节中提到的工作流和流水线，流程自动化的成分就更多了。然而，不论有多少流程自动化的成分，它们都还同时具有最基本的能力——记录和展现流程的状态：执行成功了还是失败了，执行到哪一步了，是否需要人工干预，等等。

对于执行细节的记录，不论是在开发人员的本地环境中还是在流水线上执行一次构建，当构建出错时，都要分析和定位问题出在哪里，此时构建的日志就很重要。类似地，部署的日志，以及自动化测试的日志和报告也很重要，它们都是用来帮助排查问题的。

软件运行的日志，特别是生产环境中软件运行的日志，在很大程度上也是为了在出现问题时方便定位和排查。在生产环境中还要配备各种监控，这不仅仅是为了告警，也是为了对问题进行定位和排查。对微服务间调用链路的记录，也有助于定位和排查问题。

总之，我们需要工具辅助记录工作项的目标和内容、进展情况、执行细节。

4.7.2　版本和配置信息

上面介绍的主要是关于软件的价值流动（或者说是变更请求流转）方面的信息，下面介绍关于软件内容本身的信息。

"源代码"需要被纳入版本控制中。这里的"源代码"加了引号，表示所有长得像源代码的，也就是由人写的、可以用文本文件记录并且可能会有版本变化的内容，都应该被纳入版本控制中。比如与构建、部署、环境相关的各类脚本和配置文件，数据库表结构或其变更脚本，测试用例和脚本等。典型的，如把它们放进 Git 或 SVN 这样的版本控制工具中管理。而当我们使用版本控制工具中的提交、分支、版本标签等功能时，要遵循相应的规范，以便日后进行各种查找。

纳入版本控制不一定是放到 Git 或 SVN 这样的版本控制工具中。简单记录下来是谁、什么时候、做了什么改动、改成了什么样子，也就具备了最基础的版本控制能力。典型的，如一个测试用例的修改变化历史、一条流水线的配置的修改变化历史、一个工作项的修改变化历史，可能分别是由测试用例管理工具、流水线、工作项管理工具本身提供的版本控制能力实现的。

相比之下，版本控制工具所能提供的高级能力是，可以把相关的众多文件内容纳入一个代码库中，放在一起管理，可以使用版本标签之类的方式标识整体的版本，可以使用分支来跟踪整体在不同方向上的分头演进。

如果要管理的资产不是由人写的，而是由"源代码"自动"构建"生成的，那么其对应的就是制品管理[1]。比如安装包、编译时用的库、Docker Image 等，它们也有版本，也要遵循相应的规范。

制品管理工具就是专门用来管理制品的，它为制品提供了一个安全的存放地，并且由于其具备良好的存放结构，使得我们易于找到一个制品或它的特定版本，以便下载或者查看相关信息。

1　关于制品概念的详细介绍，请见第 17 章。

就像纳入版本控制不一定要将"源代码"存放到版本控制工具中一样,纳入制品管理也不一定要将制品放到制品管理工具中。比如代码自动扫描的报告、自动化测试的报告,通常就直接存放在相应工具的相应服务中,只要能安全地存放、易于找到,那么就算是对制品有了基本的管理。

注意,以上版本控制和制品管理的对象,不仅包括管理公司内部的资产,也包括外来的资产。常见的做法是把外来的资产纳入公司内部的代码库、制品库中,并且在纳入时要做一些质量与安全方面的控制。

版本控制和制品管理的对象是软件的内容,而对于它们是如何组成运行中的软件系统的,也需要记录和管理。例如,某个测试环境实例包括哪些微服务、每个微服务用的是哪个版本、部署在哪些服务器上、历史上是什么样子的,等等,这些都是需要记录和管理的。

4.7.3 关联关系

上面讨论的所有要记录的内容,它们之间有各种各样的关联关系,这些关联关系也应该被记录下来,最好是被自动记录下来。

比如,对源代码的修改应该和需求、缺陷等工作项相关联。进而,当在流水线上向测试环境中做部署时,应该能自动查询到所要部署的特定版本中包含了自上次发布以来哪些特性分支的合入,以及分别对应于哪些工作项。于是,测试人员就能知道所要测试的内容。类似地,在向生产环境中做部署前,也应该能看到相应的信息,检查所要部署的内容是否正确。

比如,测试用例或者自动化测试脚本(准确地讲,是对它们的改动)应该与用户故事之类的工作项相关联。于是,测试人员可以根据要测试的用户故事自动选择执行哪些测试用例。而在测试过程中发现的缺陷,应该与发现它的人工测试用例或者自动化测试脚本,以及当时的执行上下文相关联。这些关联关系都应该是自动建立的,而不是人工一项一项填写的。有了这些关联信息,就可以方便地查看该缺陷的所有相关信息,比如测试用例、相关需求描述、测试版本、测试日志等,找出问题所在。

4.7.4 单一可信源

不论记录和展现的是任务及其执行情况,还是版本和配置信息,抑或是各种关联关系,都需要遵循一个基本原则,即:单一可信源(Single Source Of Truth,SSOT)。在获取数据、信息、文件、制品时,不论是谁,想在哪个流程阶段、哪个环境中,通过人工还是自动方式,都应当从同一个地方获取,以保证总是获取到相同的内容,这个地方就是"单一可信源"。

当然，如果从不同的地方获取，但这些地方之间有很好的同步机制，共同信任一个单一可信源并保证总是与它的内容相同，那么也是满足单一可信源这个基本原则的。

4.7.5　相关支持

从权限的角度来看，上面讨论的所有要记录的内容，应该尽量让相关人员都能看到。为降低设置和管理权限本身的成本，可以考虑一般内容组织内部全员可见，只对重要的或敏感的信息做进一步的权限控制。

此外，在工具和服务层面，要注意做好数据备份。在版本控制服务中存放着源代码等重要内容，对它进行数据备份格外重要。对制品管理服务中存储的制品也要做好备份。工作项管理等工具中也保存了重要数据，需要做好备份。

4.8　标准化

4.8.1　规范可重复

以构建为例，我们希望只要是同一份源代码，不论什么时候构建，构建出的安装包都是一样的。也就是说，系统运行起来都有相同的功能和性能。类似地，同一份源代码，不论在哪里构建——是在开发人员的笔记本电脑上构建，还是在构建服务器上构建，构建的结果也应该相同。为此需要保证，构建使用的工具版本总是相同的；构建使用的方法和命令参数总是一样的；构建时下载的各个依赖包总是来自同一个制品库，内容也不会发生变化。

事实上，不仅当源代码版本不变时，我们期望构建过程总是标准的、可重复的，而且当这份源代码不断演进时，我们也期望构建过程总是标准的、规范的，除非要明确地改变该规范。

类似地，我们希望分支的命名、版本的命名、文件目录结构等都遵从一定的规范，让人易于理解和查找，同时也方便机器自动处理。"约定优于配置"是构建工具 Maven 的核心理念之一，其正是反映了我们对规范性的期待。

那么，如何做到可重复？常见的思路是代码化、纳入版本控制中，然后自动化执行。如何做到规范？可以通过宣讲、考试等方法来提高人员的能力，而如果能够把规范内化到工具中，在违背规范时自动提醒或者根本就没有违背的机会，那就更好了。

4.8.2　方案收敛

前面讲过，对于同一个代码库、同一个微服务，我们应该总是使用相同的工具、方法和流程。其实，对于不同的代码库、不同的微服务，不同的开发团队甚至整个公司也应该尽量使用统一的工具、方法和流程。

这样做一方面可以降低学习成本。人员在不同的代码库、不同的开发团队之间流动时，不必重新学习相关知识。此外，不同的团队相互协作时，也好配合。

另一方面也降低了工具、方法和流程的制定、开发、维护的成本与风险。例如，如果每个团队都搭建一套版本控制服务，那么每个团队都要进行方案比选、购买（如果是付费产品）、开发或定制（如果有自研的部分）、运维、版本升级等，这实在没必要。

当然，不同的开发团队、不同的系统，其规模、对质量的要求、产品所处的阶段都可能是不同的。因此，其所适合采用的工具、方法和流程也可能有所区别。所以可以提供几种不同的模式和选项供团队选择，也允许先试点，做一些尝试。总之，要避免没有必要的"百花齐放"，适当收敛。

4.8.3　环境一致性

当在测试环境中进行测试后，我们希望被测对象在生产环境中能毫无问题地运行起来。而当生产环境中出现问题时，我们也希望在测试环境中能容易地复现问题。因此，我们希望各个运行环境之间尽可能相像。

为此，要有机制保证各个环境中的程序所在的本机环境，也就是操作系统版本、本机预先安装的各个软件、相应的配置等，应该是一致的。根据相同的容器镜像生成各个环境中运行的容器，就容易做到这一点。

除了本机环境，各个运行环境中所使用的数据库服务、消息队列服务、远程调用服务等中间件服务及其配置，也应该尽可能相同。

而测试环境中的各个微服务的版本，也应该尽可能保持与生产环境相同。当然，本次改动的微服务应该部署改动后的版本。

在测试环境中常使用 Mock、挡板等方法来应对整体系统中的一部分无法提供或不稳定的情况。例如，当这部分是由其他部门提供的甚至是外部系统时，则至少应该在发布上线前，在真正的整体系统中做一次端到端测试。如果想做得更好，则应该尽可能早地在真正的整体系统中进行测试，为此需要在各个测试环境中尽可能实现整体系统并保持其稳定。

从部署的角度来看，部署不同的环境应该使用相同的部署工具，遵循相同的过程。当然，在滚动部署时分批进行之类的设置是可以不同的。

综上所述，不同的环境如测试环境与生产环境之间要尽可能相像。而在一个环境内部，当一个微服务有多个实例同时运行时，它们之间也要尽可能相像，这主要体现为各个运行实例所在的本机环境之间要尽可能相像。前面提到的根据相同的容器镜像生成运行的容器这种方法，对解决这个问题同样很有帮助。

4.9　协调完成完整功能

4.9.1　背景

4.1 节在介绍软件交付的第 1 个策略时，讲到软件架构要细粒度、低耦合、可复用。有了好的架构，在实现某个用户故事时，可能只需要修改一个微服务的代码即可。然而，不论架构多么好，总会遇到需要为一个用户故事修改多个微服务的代码的情况。

4.2 节在介绍软件交付的第 2 个策略时，讲到每个用户故事的颗粒度要小，并且每次发布的用户故事数量要少。这样一来，可能每个用户故事只需要修改一个微服务的代码即可，也可能每个微服务都可以单独发布，而无须连带进行其他微服务的发布。然而，不论用户故事颗粒度多么小，也不论每次发布的用户故事数量多么少，总会遇到需要为一个用户故事修改多个微服务的代码的情况，也总会遇到一次发布包含对多个微服务的改动的情况。

事实上，正是从单体应用到微服务化这个趋势，使得我们需要越来越关注如何实现和交付跨代码库的改动。当这种情况出现时，就需要进行一定的协调管理——可能是跨多个代码库的协调，也可能是跨多个开发团队的协调，甚至是与外部系统、第三方之间的协调。下面我们来进一步分析。

4.9.2　开发全过程的协调

对于牵涉到多个代码库、多个开发团队的软件开发全过程的协调管理，从瀑布模型时代就在进行探索。瀑布模型本身就是用于整体系统从需求到发布的过程，当然它不够好。在敏捷管理实践中，目前业界有几个重要的多团队敏捷实践，即 SoS（Scrum of Scrum）、SAFe（Scaled Agile Framework）、LeSS（Large Scale Scrum）、DAD（Disciplined Agile Development）。而在精益方面，精益看板墙的一些复杂形式就是用来协调多个开发团队之间的协作服务的。

4.9.3　交付过程的协调

当聚焦于软件交付过程时，也有一些具体问题需要处理。这是本书特别关注的地方。

当一个特性包含对多个微服务的改动时，能否在特性对应的改动还在特性分支上、还没有被提交到各代码库的集成发布分支时，就对该特性整体进行一些测试？答案是肯定的，但是需要动态创建或分配一个测试环境，专门用于测试这个跨多个微服务的特性。随后把每个微服务的相应特性分支上的代码版本部署上去，或者支持将各开发人员的本地开发环境加入这个测试环境中。

当一个特性包含对多个微服务的改动时，将该特性改动提交到集成发布分支，如何能够保证各代码库中的相应特性分支都合入了集成发布分支？当（打算）把集成发布分支上的代码部署到测试环境中进行测试时，能否自动计算出它包含了各个微服务上的哪些特性？进而，其中那些涉及多个微服务的特性，是否已经被完整包含了，而不是只包含该特性在一部分微服务上的改动？

当一个特性包含多个微服务甚至跨开发团队时，应该如何规划它的集成、测试和发布？如何协调相关的各个微服务甚至各个开发团队的集成、测试、发布的节奏？整体跑版本火车似乎是一种方法，有没有更好的方法？

当一次部署特别是一次向生产环境中的部署包含多个微服务时，该如何编排它们之间的顺序，进行适当的串行和并行？如何自动按照这样的编排部署？此外，无论怎样编排，总是会存在在短暂的时间内，一个微服务的新版本的实例需要和另一个微服务的旧版本的实例一起运行的情况，同一个微服务也会有新旧版本的实例同时运行。此时，如何避免出现问题？如何保证服务的连续性？

当生产环境中出现故障，需要紧急回退最近的部署时，是只将某个微服务回退到原先的版本，还是需要回退一组微服务？同时还要考虑回退顺序的编排，以及在回退过程中不要因为新旧版本并存而出问题。

以上讨论的都是跨微服务的源代码修改的问题。除了源代码，数据库表结构、数据库中的数据也可能需要随着源代码一起修改，共同实现某个特性，共同实现软件系统的演进。类似地，对环境及其配置也有可能需要做相应的修改。所以在讨论上面的问题时，也要同时考虑涉及数据库、环境、配置修改的情况。

4.10　基于度量的持续改进

《DevOps 实践指南》中提到的 DevOps 三步工作法的最后一步是"持续学习与实验"。敏捷开发 12 条原则的最后一条是"团队定期地反思如何能提高成效，并依此调整自身的举止表现"。《精益思想》中提到的 5 条原则的最后一条是"尽善尽美"。《持续交付：发布可靠软件的系统方法》中提到的软件交付的 8 条原则的最后一条是"持续改进"。这里我们也把"持续改进"作为软件交付的 10 个策略中的最后一个。

在运作实践中，我们可能会做一个大的改进项目，比如"新一代的 XXX 工具平台""XXX 转型""XXX 战役"，以此来争取资源、推动改进，并最终展示"一大块"成果。这挺好，但同时要注意改进无止境，不是一蹴而就的。当一个大的改进项目"完成"后，应当持续关注，不断发现新的改进点，并推动改进。

另外，总是应该拿事实和数据说话，对软件交付过程进行改进也一样。一次构建耗时多久，流水线执行失败后多久能恢复，即红灯修复时长是多少，一个特性从代码开发完毕到上线要多长时间，这些度量统计信息对软件交付过程的不断改进是十分有帮助的。

所以我们加上定语，变成：基于度量的持续改进。

至此，软件交付的 10 个策略就讲完了。

小结

本章首先介绍了组织结构、系统架构和交付流程的总体策略，包括：

- 细粒度、低耦合、可复用的架构。
- 小批量持续流动的流程。
- 运行综合手段保证质量和安全。

然后介绍了针对具体事情如何做到方便、快捷，包括：

- 自动化与自助化。
- 加速各项活动。
- 及时修复。

接下来介绍了一些支持保障补充性的内容，包括：

- 完备记录，充分展现。
- 标准化。
- 协调完成完整功能。

最后介绍了如何改进：基于度量的持续改进。

要想做好软件交付，这 10 个策略是最根本的指导原则，本书后面具体讨论每个细分领域（比如构建、代码扫描、部署等）时，将反复、变着花样地应用这些策略。因为软件交付过程的众多优秀实践，就是在反复、变着花样地应用这些策略。当我们将来探索新的实践、新的方法时，很有可能也是举一反三地应用这些策略。所谓"万变不离其宗"，本章讲的这 10 个策略就是"宗"。所谓"无招胜有招"，本章讲的这 10 个策略就是"无招之招"。

第5章

一个典型的软件交付过程

我们已经讲解了软件交付过程要追求的目标，核心是在满足质量的前提下尽快交付。那么如何实现呢？我们把它展开为 10 个策略作为最根本的指导原则，进而依据这些指导原则来梳理软件交付过程的方方面面。为此需要划分出软件交付过程到底有哪些方面，每一方面又应该从哪些角度来考查。我们要从金字塔的顶端开始，一层一层地向下展开梳理。

为了做这样的划分和梳理，我们先看一个典型的例子，借此来介绍软件交付的大致过程，以及它的全貌。

5.1　前传

一个大的需求已经被拆解成若干个用户故事，每个用户故事都需要几天的开发工作量，它们可以分别上线，而无须等待整个需求实现完成再上线。比如开发人员小明负责其中一个用户故事的开发，他需要对某个微服务相应的代码库中的源代码进行修改。

小明以前在这个代码库中做过开发，所以他的笔记本电脑上已经安装并配置好了相应的开发环境。于是他在 IDE 中选中这个用户故事，用鼠标点击两下创建好相应的特性分支（Feature Branch），特性分支的名字中自动包含了用户故事的 ID，于是工具就能知道特性分支与用户故事之间的关联关系。

现在 IDE 中展示的是这个特性分支上初始的代码，其实就是集成分支上最新的代码，因为工具就是基于集成分支的末端创建特性分支的。集成分支是比较通用的称呼，其实在这个例子中，它的准确的名字叫 Develop Branch。这个代码库使用一种名为 Git Flow 的分支模式，在这种分支模式下，用于集成的分支名字就叫 Develop Branch。

小明开始改动代码了。

5.2　代码改动累积并最终提交

在小明改动代码的过程中，IDE 就会实时地给出反馈，比如进行实时的代码扫描并给出反馈。虽然实时的代码扫描不如完整的代码扫描发现的问题多，但是它能够特别快地提供反馈。

在做了一些改动后，小明在 IDE 中手动触发进行构建、单元测试和完整的代码扫描，并修复所发现的问题。小明随后在本地运行这个微服务，进行人工测试和调试。事实上，此时本地还有一个前端微服务在调用这个后端微服务，而这个后端微服务又调用了公共测试环境中其他的后端微服务，所以是一起联调的。除了人工测试和调试，小明还执行了自动化接口测试的脚本，测试这个后端微服务上与本次改动相关的接口。自动化接口测试的脚本和刚才提到的单元测试的脚本一样，也存放在源代码所在的这个 Git 库里，这些测试脚本都是小明自己改好的，不是找测试人员写的。

改动—验证—改动—验证，如此往复。

当改动告一段落后（并不是整个特性都开发完成，只是阶段性成果），小明把改动提交到本地代码库，进而提交到服务器端代码库。

5.3　特性改动累积并最终提交

小明把代码改动提交到服务器端代码库的这个动作，自动触发了流水线的运转。流水线把该特性分支的代码下载下来，进行编译构建、单元测试、代码扫描。这些工作主要是为了以防万一，毕竟各种原因都有可能导致小明提交的代码并不是百分之百没问题。

比如这次就发现了一个问题，在这个特性分支上为该特性所做的代码改动（不是全量代码）没有被单元测试覆盖到。这有点儿不太对劲。工具自动发送了一封提醒邮件给小明，小明看了也觉得确实有必要补充单元测试的脚本。

过了几天后，特性开发完成了。小明对该特性做了最后一次提交后，在工具中发起了一个合并请求（Merge Request），邀请小王帮他评审代码。小王收到邀请后，打开合并请求，先跳转到该特性分支对应的用户故事描述中看了看，然后回到合并请求中评审本次代码改动。他对几个地方有疑惑，于是分别在合并请求中相应的代码位置做了标记和简要备注。接下来，小王和小明坐在一起讨论了一下那几个有疑惑的地方，其中有两个地方确实应该改改。小明改好后再次提交，小王在工具中简单地对比看了一下，确定没问题了。鉴于此次提交自动触发的构建、单元测试、代码扫描也都通过了，根据预设规则，工具认为这个特性没问题了，自动将它合并到集成分支中。

5.4　集成并最终发布

集成分支收到特性分支上的代码改动后，就自动触发集成分支上的流水线——构建、单元测试、代码扫描、生成 Docker 镜像、存入制品库、部署到集成测试环境、全量的自动化接口测试。集成分支上的流水线与特性分支上的流水线相比，现在能看到有两点不同：一是集成分支上是合并之后的代码，特性分支上是合并之前的代码，两者可能不完全一样。二是集成分支上的流水线多了几个步骤，其中把 Docker 镜像存入制品库是为了将来部署其他测试环境时复用，不用重复构建；而部署和自动化接口测试是为了进一步保证代码质量——在特性分支上没有对应的测试环境，做不了，而现在有条件了，那就多花几分钟执行它们吧！

如果流水线运行出现问题，那么就会自动通知小明，小明需要尽快修复问题。如果感觉修复有困难，那么就干脆先把这个特性分支的改动从集成分支摘除。

测试人员并不是等到本次计划发布的所有特性都合入集成分支后才开始测试的，而是只要有合入的特性，就会对其进行测试——主要通过 GUI 完成端到端的人工测试。在小明写代码期间，测试人员已经基本完成了测试分析和设计，所以此时测试进展得很快。测试人员会随时和小明交流测试遇到的问题，如果确实是程序有问题，则会创建缺陷记录给小明。小明在原特性分支上进行修改，修改后再次合入集成分支。

当本次计划发布的所有特性都合入集成分支后，就会从集成分支拉出一个发布分支——在这个发布分支上只做已完成特性的质量提升工作，不再加入新的特性。而此时集成分支可以持续接纳新的特性，以便实现下一个版本的发布。

发布分支上的测试，是在另一个更为正式的、更接近生产环境的测试环境中进行的。在这里，不仅测试人员要运行人工测试和自动化测试以进行最后的验证工作，产品负责人也会来查看新功能是否符合产品设计的本意。另外，如果有必要的话，还会做性能测试、安全测试等。

当确定都没问题后，就会把这个微服务的新版本对应的容器镜像部署到生产环境中，生成一个容器实例，然后引入 1%的流量，看看这些用户会不会疯狂地给客服人员打电话……如果没有出现这种情况，那么就继续分批部署生成更多的容器实例并引流，同时密切观察相关运维指标，直到 100%的流量都被引到新版本上，发布完成。

随后是善后工作：将发布分支合并到主干，因为主干代表着线上最新版本；也将发布分支合并到集成分支，于是下一个版本集成的内容就包含了本版本发布的内容。

第 6 章

各个细分领域

为了系统全面地分析软件交付过程的方方面面，我们需要了解软件交付过程应该包括哪些细分领域，针对每个细分领域又应该从哪些角度来考查。这一章先来回答第一个问题，而第二个问题留给下一章来回答。

从第 5 章介绍的一个典型的软件交付过程来看，软件交付过程的本质是流程和流程中执行的活动。流程包括很多活动，而某个活动又可能在流程中多次运行，甚至出现在流程的不同位置和阶段。以构建这个活动为例，开发人员本地构建，将代码改动提交到服务器端代码库的特性分支可能会触发构建，创建合并请求可能会触发构建，集成发布分支上的每次提交也有可能会触发构建。

在考查软件交付过程做得怎么样时，既要考查软件交付全过程的流程编排是否合理，也要考查流程中每个活动做得怎么样。前者重点看流程本身：何时做什么、是否合理、是不是自动化地串接起来等；而后者要聚焦于这个活动：方法对不对、有没有效果、执行得快不快等。

本章先来介绍在考查整体流程时该怎么划分，然后介绍具体要考查哪些活动。本章中划分出的每个流程阶段、每个活动都将单独成章进行详细介绍。

6.1　交付过程

我们先来介绍软件交付的全过程。根据第 5 章介绍的一个典型的软件交付过程，我们对软件交付过程的全貌有了基本的了解。我们大体可以把软件交付过程划分为三个层级，它们有不同的变更颗粒度和不同的生命周期。

- 第一个层级：代码改动累积并最终提交。从在一行代码上做了一点改动开始，改动不断累积，同时不断进行质量验证，直到把累积起来的改动提交到服务器端的代码库。
- 第二个层级：特性改动累积并最终提交。从特性分支收到代码改动的提交开始，特性代码改动的提交不断累积，同时不断进行质量验证，直到完整实现的特性提交集成。
- 第三个层级：集成并最终发布。从集成分支收到特性改动的提交开始，特性改动的提交不断累积，同时不断进行质量验证，直到这些特性发布上线。

上面的第二个层级可能被省略，而在某些大型系统或大型项目中也可能有更多的层级。我们还是针对典型情况进行分析。

这三个层级有不同的颗粒度和执行的频繁程度。一次特性改动提交通常包含了一两个开发人员的若干次代码改动提交，而一次发布则通常包含了多个开发人员完成的多个特性。

这三个层级有一个共同的特点：每个层级都可以分为先后两个部分，先是在不断累积代码改动的同时持续地验证质量；后是等改动都完成后进行最后的质量验证，验证通过就意味着这个层级完成了。具体来说：

- 在第一个层级，先是开发人员在本地 IDE 中进行开发工作，不断累积代码改动，并随时进行构建、代码扫描、单元测试、自测试等活动，持续地验证质量；后是等改动完成，且构建等活动也没有问题后，把累积起来的改动提交到服务器端的代码库。
- 在第二个层级，先是特性分支不断收到代码改动的提交，不断累积代码改动，同时不断进行质量验证；后是这个特性分支上的改动完成，使用合并请求管理特性改动的提交过程，直到这个特性分支上的改动都合并到集成发布分支。
- 在第三个层级，先是集成发布分支不断收到特性分支的合入，不断累积代码改动，同时不断进行质量验证；后是在集成了本次计划发布的所有特性之后，进行发布前的一系列质量验证工作，直到最终发布上线。

在考查软件交付的全过程时，我们将按这三个层级中每个层级的先后两个部分分别考查，即一共考查 6 个细分领域。

6.2　源代码及其构建

下面介绍要考查哪些具体活动。这些活动有很多类型，如果直接列举出来，可能有疏漏，也不好记。我们对这些活动大概做一个分类。

先不考虑测试相关活动。假设开发人员写出了完美的源代码，无须测试，那么从写出源代码到发布上线要经过哪些活动呢？

源代码经过构建，形成了制品，然后把制品部署到生产环境中运行起来。这么看来，这是两步转换的过程。第一步，源代码经过构建，转换成了制品，比如容器镜像。第二步，制品经过部署，转换成了运行中的程序，比如运行中的容器。本节介绍为了完成第一步转换，需要考查哪些细分领域。

第一，源代码版本控制。尽管在软件交付过程中有大量的内容都应当被纳入版本控制中，但源代码无疑是最重要的，也是最需要作为整体管理的。比如将某个微服务的所有源代码放入一个代码库中，作为整体打上版本标签，作为整体拉出分支，作为整体检出（Checkout）到一个本地目录中，等等。对源代码被纳入版本控制中的考查，实质上就是在考查版本控制工具和服务的能力与使用方式——尽管版本控制工具和服务中可能不只存放了源代码。

除了源代码，还有不少类型的内容也应该被纳入版本控制中，但它们未必都被放入代码库。我们将在对应的活动中分别考查它们，比如在部署这个细分领域中考查部署脚本和/或部署过程的配置被纳入版本控制中的情况。

第二，构建。构建是指把源代码等原材料打包为安装包、容器镜像等制品，以供部署使用或进一步构建使用。这里所说的构建只是编译、链接、打包、生成容器镜像等转换活动，不包括单元测试等测试活动。对于测试活动，我们另行考查。

第三，构建环境管理。构建需要在一定的环境中进行。我们常说的环境是指软件部署运行所需要的运行环境，比如测试环境、生产环境。而这里所说的环境，是指构建所需要的环境。事实上，这个环境通常不仅用于构建，也用于代码静态扫描、单元测试等。我们把这个环境称为构建环境。在流水线上，在构建环境中进行构建、代码静态扫描、单元测试。开发人员的本地个人开发环境也是构建环境，尽管它不仅仅是构建环境。构建环境涉及如何创建环境并保证环境的标准化，如何保证随时都可以分配到合适的环境，等等。

第四，制品管理。构建所产生的安装包、容器镜像等制品需要妥善存放。这里我们关注的重点是供部署或进一步构建使用的制品，这类制品通常被存入制品库进行管理。对这类制品的管理也作为单独的一个细分领域来考查。这实质上也就考查了制品管理工具和服务的能力与使用方式——尽管制品管理工具和服务中可能不只存放了安装包及容器镜像。

此外，各种日志、报告等，比如构建日志、自动化测试报告等，虽然严格来说也是制品，但它们不一定要被放入制品库中，可能会由产生它们的工具或服务本身来管理。比如由构建服务来管理构建日志，由自动化测试服务来管理自动化测试报告。所以在构建、自动化测试等活动中会对这些内容分别进行考查，而不是在这里集中考查。

6.3 部署运行

源代码经过构建形成了制品，这是 6.2 节分析的内容。随后要把制品部署到测试环境、生产环境中运行，这是本节要分析的内容。

第一，部署。部署是指把安装包、容器镜像等制品的特定版本安装在运行环境中并运行起来。部署可以指初次部署、版本升级、回滚等情况。部署包括在测试环境、生产环境等各个运行环境中的部署。尽管严格来讲部署的内容可以是安装包、配置、数据库结构和数据、环境组成部分等，但在这里我们还是重点关注程序本身的部署，一般体现为安装包的部署或包含该程序的容器镜像的部署。

第二，运行环境管理。程序的运行需要环境，这里所说的运行环境是一个广泛的概念。首先是指程序所在的本机/本容器的环境，包括操作系统、预安装的基础软件等；其次是指与这个程序相关的其他应用程序，它们通常运行在其他机器/容器中，是整个系统的组成部分。数据库、中间件等服务也是运行环境的组成部分，要保证它们能提供服务，以及各个微服务能与它们连接上。有时所说的环境，甚至还包括程序运行所需要的硬件资源。

第三，配置参数管理。配置参数是指系统静态及运行时的各类配置和参数项及其实际取值。其中，有些配置参数是用来支持系统运行的，如数据库实例的 IP 地址等，它们是环境配置的重要组成部分；有些配置参数是支持系统功能和行为的，如一些特性开关等。

第四，数据存储结构管理。这是指为配合程序的安装和升级，我们在数据库、文件系统等基础设施中创建数据存储结构，或者对数据存储结构做某种改变，以及对其所存储的数据进行相应的初始化和调整。以数据库变更为例，为配合代码变更的交付，有时需要对数据库中的表结构进行变更，或者对表中的数据进行变更。注意，在软件日常运行过程中，由于用户操作而导致的数据库中的数据发生变化不在此范围内；在测试用的数据库中，准备测试数据和执行测试时对数据库的写操作也不在此范围内。

6.4 静态测试

上面分析的活动不是关于测试的，下面来考查与测试相关的各类活动。测试活动种类繁多，我们将其大致分为两类：一类是不需要程序运行的静态测试；一类是需要程序运行的动态测试。我们平常所说的测试，通常是指动态测试。本节我们先来分析静态测试。

第一，**代码评审**。代码评审也被称为代码审核、同行评审、代码检视等。代码评审是指由其他开发人员人工检查代码改动是否合理。而结对编程可以被看作是代码评审的一种特殊形式——随着代码的编写实时进行评审并给出反馈。

第二，**代码扫描**。代码评审是人工进行的，那么有没有自动进行的代码评审呢？有的，那就是代码扫描。代码扫描又被称为静态代码分析等。代码扫描就是指对源代码进行自动分析，以发现不符合代码规约的地方、潜在的缺陷、代码结构可能不够合理的地方、统计技术债，等等。对源代码进行静态的安全扫描也被归在代码扫描这一类，尽管有时使用的是专门的安全扫描工具。

第三，**制品分析**。代码扫描是对源代码进行静态的自动分析，那么对制品有没有静态的自动分析呢？有的，那就是制品分析。比如分析 Java 的 WAR 包、JAR 包或者 Docker 镜像，看其构建时是否直接或间接引用了有安全风险或者有许可证相关风险的构建依赖包。

6.5　动态测试

动态测试是指观察程序运行的行为，看有什么不妥之处。一般来说，动态测试需要测试环境，让程序连接数据库等服务，以及连接其他微服务。而单元测试是一个例外，它不需要测试环境，在构建环境中就可以进行。

第一，**单元测试**。单元测试是指通过直接调用方法或函数来执行的自动化的动态测试。单元测试在构建环境中就可以进行，它无须被部署到测试环境中，一般不需要连接数据库，也不需要连接其他微服务。单元测试通常由开发人员自己编写测试脚本，并且先自己执行它。TDD（Test-Driven Development，测试驱动开发）是单元测试的一种特殊形式——先编写测试脚本，再编写被测代码。

第二，**自动化接口测试**。比单元测试的层级"高"一点儿的是自动化接口测试。接口测试是指通过调用系统内部或对外的接口来执行的动态测试。接口测试和单元测试一样，几乎都是自动化的。有些接口测试用例的重点是测试某个子系统、模块、微服务的接口的单次调用，而有些接口测试用例则是进行场景化的测试，接近端到端测试。

第三，**人工 UI 测试**。与接口测试对应的是 UI 测试，通过操控程序的 GUI 进行测试。UI测试有人工的也有自动化的，其使用的工具，以及运行的频率、方式等都有很大的不同。因此UI 测试又被细分为人工 UI 测试和自动化 UI 测试，要分别予以考查。

第四，**自动化 UI 测试**。

第五，非功能测试。 上面介绍的都是功能测试，与其相对应的是非功能测试，包括性能测试、安全测试、兼容性测试等。这些测试不一定每次发布前都会做，通常根据本次改动的内容来决定，确有必要时才做。我们把非功能测试归到一个细分领域来考查。

第六，生产环境测试。 以上介绍的都是在构建环境（单元测试）、测试环境中做的测试。在生产环境中也可以做测试，比如混沌工程、全链路压力测试等。先发布一个灰度版本让少数用户用起来，这也属于生产环境测试。这几年流行的词汇"测试右移"，主要就是指把测试右移到生产环境中。我们把生产环境测试作为单独的一个细分领域来考查。

要想进行动态测试，首先得把程序部署到测试环境中并运行起来。部署与环境相关的内容，请见 6.3 节。

几乎不论什么类型的动态测试，都需要测试数据的支持。测试数据可以被存放在数据库、数据文件、测试用例、测试脚本中。测试数据可以在测试前预先被输入系统，也可以在测试时输入。对测试数据的管理将在各测试类型中分别予以考查，因为在具体项目中不同的测试可能由不同的角色完成，采用不同的管理方式，分别考查可以避免遗漏。

小结

我们把软件交付过程划分为两大类共 23 个细分领域，以便分别考查。

第一大类，总体过程，共 6 个细分领域：

- 代码改动累积。
- 代码改动提交。
- 特性改动累积。
- 特性改动提交。
- 集成。
- 发布。

本书第 2 部分会讲解软件交付总体过程，分为 6 章，分别讨论这 6 个细分领域。

第二大类，具体活动，分为 4 个小类，17 个细分领域。

第一小类，源代码及其构建，共 4 个细分领域：

- 源代码版本控制。
- 构建。
- 构建环境管理。

- 制品管理。

第二小类，部署运行，共 4 个细分领域：

- 部署。
- 运行环境管理。
- 配置参数管理。
- 数据存储结构管理。

第三小类，静态测试，共 3 个细分领域：

- 代码评审。
- 代码扫描。
- 制品分析。

第四小类，动态测试，共 6 个细分领域：

- 单元测试
- 自动化接口测试
- 人工 UI 测试
- 自动化 UI 测试
- 非功能测试
- 生产环境测试

本书第 3 部分会讲解软件交付过程中的各个具体活动，分为 17 章，分别讨论这 17 个细分领域。

第 7 章

各个关注角度

在第 6 章中，我们把软件交付过程划分为两大类共 23 个细分领域，这样就可以分别细致地分析和考查——看看当前做得怎么样，什么地方可能需要进一步改进和提升。接下来要解决的问题是，对于每个细分领域，我们该如何分析和考查呢？

或许可以找到一个套路，不论对于哪个细分领域，我们都可以用这个套路来分析和考查。这个套路就是从若干个固定的关注角度来分析和考查。对于每个细分领域，我们都从相同的关注角度来考查——在每个关注角度下，考查这个细分领域的具体情况。

即使是相同的关注角度，对于不同的细分领域，怎样算做得好、有什么最佳实践等，这些具体内容也需要根据该细分领域来分析。此外，对于某个具体的细分领域，某些关注角度也可能是没有意义和价值的，应该忽略。对于这些内容，本书后面在分析各个细分领域、各个关注角度时会进行讲解。

本章主要介绍有哪些关注角度，供后面分析各个细分领域时使用。

7.1 执行时机

在考查某个活动时，首先要看什么时候执行它。比如，什么时候构建、什么时候部署、什么时候执行自动化接口测试等。执行时机，是第一类要考查的内容。在考查执行时机时，有以下几个关注角度。

第 1 个关注角度：包含改动的颗粒度。我们要看某个活动的一次执行跟上次执行相比包含了多少新改动的代码。比如人工 UI 测试，如果等到某次迭代的所有特性都完成后再做，恐怕就包含了太多改动，从而导致反馈周期长、定位困难、特性间相互影响等。

以上是考查某个活动所包含的改动的颗粒度。而在考查一段流程时，我们同样需要关注包含改动的颗粒度——一次提交包含多少代码改动，一个特性包含多少代码改动，一次发布包含多少代码改动，等等。

这个关注角度对应于软件交付的第 2 个策略——"小批量持续流动的流程"的分解，也与第 3 个策略——"运用综合手段保证质量和安全"相关。

第 2 个关注角度：流程顺序和卡点。 其主要关注先做什么活动，通过后再做什么活动。尽量将自动化执行的活动安排在人工执行的活动之前，因为人工执行的活动成本高。这些不同类型的活动之间可能串行执行，也可能并行执行。串行意味着前序活动是后序活动的前提，这可能是因为在技术上就需要如此，比如必须先构建出安装包再进行部署；也可能是流程策略的反映，比如先通过自动的代码扫描再进行人工的代码评审。

注意，测试活动不仅包括测试的执行，也包括测试的分析和设计、测试脚本的编写等工作。除了要看测试的执行在流程中的位置，也要看这些工作在流程中的位置。

在流程中，只有前一步通过了，才能执行下一步。细究起来，怎样算作"通过"呢？没有新增的问题还是没有存量的问题？只看严重的问题还是看所有问题？这就形成了对"通过"的定义。一个或若干个通过条件，一起成为流程的卡点。流程的卡点也常被称为"质量门禁"，比如必须满足质量门禁才能完成特性改动的提交，必须满足质量门禁才能交给测试人员测试，必须满足质量门禁才能发布等。

这个关注角度主要对应于软件交付的第 3 个策略——"运用综合手段保证质量和安全"。

第 3 个关注角度：减少等待。 我们在考查一段流程时，经常会发现它并不是所有的时间都处于"开工"的状态，也就是有活动正在执行的状态。一个活动经常要等待，做得不好的话，甚至绝大部分时间都在等待。比如，一个特性要和若干个其他特性一起测试，为此可能需要等待数天甚至数周。这在前面介绍的第 1 个关注角度"包含改动的颗粒度"中也会反映出来。当不具备特性的联调环境时，我们迟迟无法开始测试，这也是等待。等待还包括等待发布窗口，也就是只有在特定日期和/或特定时间段才可以发布。"减少等待"这个关注角度，对应于软件交付的第 2 个策略——"小批量持续流动的流程"的分解。

第 4 个关注角度：管理并发。 这里的并发并不是指一个流程中不同活动的并发执行，而是指同类流程的实例并发执行的情况。我们要防止并发执行太多，比如有很多特性分支，很多特性同时在开发，那么就意味着在制品数量太多了。同时还要支持必要的并发执行，比如先后发布的版本都在做集成和测试时，要做好它们之间的同步和合并。

第5个关注角度：操作对象的颗粒度。 这对应于软件交付的第1个策略——"细粒度、低耦合、可复用的架构"。如果做不好，就会看到大型的单体应用拥有庞大的代码库，以及整个团队甚至整个部门、整个公司一起跑一列版本火车。

第6个关注角度：整体协调。 这对应于软件交付的第9个策略——"协调完成完整功能"。

7.2　执行效果

第二类要考查的内容是执行效果。考查执行效果，就是看执行一个活动到底有没有用、有多大收益。比如做单元测试，是否发现了问题、是否有问题被遗漏；再比如部署服务提供了部署能力，项目实际上是否用到了这个能力，以及是只在部署生产环境时用它，还是在部署各个测试环境时也用它。在考查执行效果时，有以下几个关注角度。

第1个关注角度：执行效果度量。 对于不同的活动有不同的关注指标，甚至对于同一类活动也可能有不止一个关注指标，它们都是通过数据来反映活动是否起到了应有的作用的。比如单元测试是否能有效发现问题。

对于流程也同样要考查执行效果。比如考查集成发布阶段的质量保证工作做得怎么样，要看线上缺陷和线上故障是否足够少。

当然，建立指标可能并不容易，我们要在具体活动中分别探讨。

第2个关注角度：覆盖范围。 覆盖范围小，收益就少，所以我们要考查覆盖范围。比如部署服务是只用来部署生产环境，还是也可以用来部署测试环境；代码扫描是否全面，是否包含了安全方面的扫描；自动化接口测试的覆盖率如何，外来的源代码和制品是否也被纳入管理。

第3个和第4个关注角度：执行方法和人员能力。 如何做到让一项工作更有效果，充分达到它的目的，要靠正确的方法和有相应能力的人员。

对执行方法的考查，比如做代码评审时，根据检查列表进行检查，就是一个好方法，能够有效地避免遗漏。

对人员能力的考查，是指看一个活动的参与人员、操作人员是否具备相应的能力。比如看人员是否能进行有效的代码评审，设计有效的测试用例。即使活动是自动化执行的，也同样需要考查人员的能力，因为对活动进行配置和设置是人工完成的，对活动的执行结果进行分析是人工完成的，对自动化测试脚本进行编写也是人工完成的。为了保证人员具备相应的能力，可以考虑采用培训、考核、专家辅导、师傅带徒弟等方法和手段。

第 5 个关注角度：环境一致性。测试环境要尽可能接近生产环境——不仅要求软硬件环境尽量接近，部署方法也要尽量一致，这样在测试环境中才能尽可能多地发现问题。在测试环境中可以正确运行的软件，在生产环境中运行大概率不会出问题。此外，一个环境中某个微服务的不同运行实例间也要尽量一致，比如尽量部署相同的版本。上面这些都是软件交付的第 8 个策略——"标准化"中关于环境一致性的内容。

7.3　执行效率

我们前面分析过，要追求更快地完成交付，同时适当关注成本。也就是说，要更有效率。那么，怎样做才能更有效率呢？除减少等待外，提高每项活动本身的执行效率，让其执行得更快、成本更低，这也很重要。我们从如下几个关注角度来考查。

第 1 个关注角度：执行效率度量。与考查执行效果的第 1 个关注角度一样，考查执行效率的第 1 个关注角度也是度量。不论用什么方法和手段，最终我们要看执行效率到底高不高，其中最重要的是看执行时间短不短。

第 2 个关注角度：自动执行。这个关注角度主要是考查一个活动在多大程度上是自动执行的。以部署为例，是人工挨个登录到各台服务器上分别执行脚本，还是一键自动完成滚动部署，这是针对所有自动化工具的考查项。这对应于软件交付的第 4 个策略——"自动化与自助化"。

第 3 个关注角度：工具辅助记录和展现。这对应于软件交付的第 7 个策略——"完备记录，充分展现"中的"任务及其执行情况"这部分内容。不论是自动化执行的活动，还是人工使用工具执行的操作，工具都要记录工作目标和内容、进展状态、执行详情，并且以合适的方式展现出来。有记录比没记录好，由工具记录比由人工记录效率高。

第 4 个关注角度：工具间集成。不同的工具或功能间相互配合，能减少人工工作量，提高效率。这主要表现为：

- 被调用执行。典型的，如流水线调用各类活动的执行。
- 在场景中操作。在一个工具或环境中使用另一个工具的功能，前者向后者提供上下文信息，可以减少输入、建立关联关系等。典型的，如在用户故事上点击创建特性分支。
- 建立和维护对象间的关联关系。比如在用户故事上点击创建特性分支，也就自动建立了用户故事与特性分支之间的关联关系，进而将来会自动建立该特性分支的合并请求与这个用户故事之间的关联关系。
- 自动更新状态等信息。比如在特性分支合入集成发布分支后，用户故事的状态自动更新为"已完成"。

第 5 个关注角度：**自主完成**。这对应于软件交付的第 1 个策略——"细粒度、低耦合、可复用的架构"中的"组织架构"这部分内容。尽可能让一个团队甚至一个人完成从开发到交付的全部工作。不仅部署生产环境这类简单、重复的工作应当由开发人员点击按钮就能完成，无须依赖专门角色，而且测试活动也应当考虑由开发人员多做一些，并且对其他团队的依赖更应该尽量去除。自主完成，为的是减少沟通、协调、等待，提高效率。

为此，除了要考虑调整组织结构、人员分工，在很大程度上还要靠软件交付的第 4 个策略——"自动化与自助化"中的"自助化"。比如在很多年前，分支间合并的操作经常由配置管理人员来完成，因为那时候版本控制工具很不好用。现在这样的情况越来越少，因为工具好用了。

第 6 个关注角度：**便捷配置**。以流水线的配置为例，既包括谁先谁后这样的流程编排，也包括每个具体活动的配置，比如构建和部署的配置等。这些配置要易学、好上手，也要操作方便、快捷。这些都事关效率。

第 7 个关注角度：**快速测试准备**。在开始测试之前，要做测试的分析和设计，要编写测试脚本，要准备好测试数据。这些工作做起来要有效率、要快。

第 8 个关注角度：**快速执行**。这对应于软件交付的第 5 个策略——"加速各项活动"。日常操作方便与否也在这里考查。

第 9 个关注角度：**规范可重复**。在软件交付过程中，各种活动和操作要可重复执行，要有一定的规范，最好是内化到工具。这是我们在软件交付的第 8 个策略——"标准化"中讨论过的内容。

第 10 个关注角度：**资源复用**。其主要指通过构建环境资源、测试环境资源的池化来应对资源需求的波动，提高资源的使用效率。也就是说，通过更低的成本来保障资源需求，或者说对于相同的资源投入，池化会减少排队现象。此外，避免重复存储，则是在复用存储资源。

第 11 个关注角度：**方案收敛**。这也是软件交付的第 8 个策略——"标准化"中讨论过的内容。避免没有必要的"百花齐放"，工具、流程的方案要适当收敛。这样既减少了人员的学习成本和工具的维护成本，也为实现更多自动化提供了可能。

7.4 问题处理效率

问题处理效率是指出现问题后，多久能够修复问题。不仅线上的问题要尽快修复，在集成、测试过程中出现的问题也要尽快修复，否则会导致流程阻塞，甚至会因为质量问题而影响继续开发和测试。问题处理拖延越久，损失越大。

那么如何提高问题处理效率呢？我们从以下几个关注角度来分析和考查。

第 1 个关注角度：问题处理效率度量。度量从发现问题到确认修复问题所需要的时间。如果是在流水线运行时发现的问题，那么从发现问题到确认修复问题所需要的时间被称作红灯修复时长。如果是在测试时发现的问题并创建了缺陷记录，那么就统计缺陷修复时长。

第 2 个关注角度：及时发现。及早测试，当然就能及早发现问题。这方面内容在 7.1 节中已有讨论，这里不再赘述。在一些非测试活动的执行过程中甚至完成后的一段时间内，也会出现问题。典型的，如线上环境部署了新版本，导致故障，因此要加强监控，包括对系统的监控和对用户反馈的监控，及时发现问题。

第 3 个关注角度：适当通知。在发现问题后要赶快通知到处理人，最好是直接通知到实际处理人，而不是通知到"二传手"。因为多一层流程，就多一层耗费。一般来说，通知团队全体成员并不可取，因为没必要打扰那么多人。通知的形式也要考虑，邮件通知是传统形式，然而，可能会遇到不及时查收邮件的情况。更好的方法是通过即时通信方式。

事实上，不仅发现了问题要通知到处理人，当后序活动需要人工开展执行时，也需要通知到处理人。这类通知实质上在推动流程正向前进，是关于执行效率的话题，我们姑且将其放在这里来考查。

第 4 个关注角度：及时处理。即使收到通知，但却拖着不采取行动，也是没用的。出了问题就要赶快去检查，赶快去解决。同时，应评估问题的紧急程度，据此采取适当措施。以线上的问题为例，根据具体问题的紧急程度，可以选择采用版本回退、紧急发布、等下一个发布版本一并修复等策略。如果采用版本回退策略，则按第 5 个关注角度"便捷回退"来尽快处理；而如果采用紧急发布策略，那么就按第 8 个关注角度"紧急改动的生效方式"来尽快处理。

第 5 个关注角度：便捷回退。在集成过程中，能便捷地摘除已经合入集成发布分支的特性代码的改动。对于已经发布的版本，也能便捷地回退。

第 6 个关注角度：快速定位。当遇到故障或发现缺陷时都要进行快速的分析和定位。比如从生产环境故障定位到开发人员在本地调试，都属于这个范畴。

第 7 个关注角度：记录版本。这对应于软件交付的第 7 个策略——"完备记录，充分展现"中的"版本和配置信息"这部分内容。尽管记录版本配置和变更还有其他一些价值，但其最重要的价值是在出现问题时好查找，帮助进行问题定位。正所谓，未雨绸缪做记录，事到临头可追溯。

对于源代码的版本和制品的版本，我们会分别在专门的一个细分领域来讨论。所以在每个细分领域中，这个关注角度不是要讨论这些内容；而是讨论当前这个细分领域的活动及其工具本身，是否有特定的要保存版本的内容，以及是否有要保存的版本信息。

在"完备记录，充分展现"这个策略中，"任务及其执行情况"和"关联关系"这两部分内容，其实也起到了"事到临头可追溯"的作用。因为它们已经被纳入"执行效率"中的"工具辅助记录和展现"和"工具间集成"这两个关注角度来考查，所以这里不再重复分析。

第 8 个关注角度：紧急改动的生效方式。当遇到线上重要缺陷需要紧急出一个补丁版本修复时，就不要再四平八稳、按部就班地走常规的迭代发布流程了。类似地，当遇到紧急需求时也要紧急响应。所以需要有紧急发布方式和流程，必要时可以在紧急发布的版本中只包括某个缺陷修复的内容或者某个特性，并且流程本身的步骤要省去，等待时间要少。

7.5 避免引入问题

软件交付过程的主要工作是查找在编写代码时引入的问题，其本身应尽量不要再引入新的问题。那么，如何避免引入新的问题呢？我们从以下几个关注角度来考查。

第 1 个关注角度：引入问题度量。典型的，如果在进行自动化测试时大量报错都不是业务代码本身的问题，而是因为测试环境不稳定、测试数据不正确等造成的，那么就要有针对性地进行改进。

第 2 个关注角度：隔离性。不同的环境之间要相互隔离，互不干扰。在同一个环境中不同测试用例的并行执行不应相互干扰。不同的测试用例之间要么没有依赖关系，要么妥善管理依赖关系。

第 3 个关注角度：业务连续性。不论是部署应用程序、改变线上配置还是改变数据库表结构，都要避免停机、停服务，保证软件系统所提供的服务是连续不中断的，而且在升级过程中也不能出错。为此，除了升级不停机，还要解决在升级过程中不同微服务、不同内容的新旧版本之间的兼容性问题。

第 4 个关注角度：权限。权限要适当——如果权限太大，则引入问题的风险就大；如果权限太小，则影响效率。

第 5 个关注角度：工具可靠性。与软件交付相关的工作环境主要体现为各类工具及其服务要有明确的支持团队、充足的资源、充分的监控、适当的备份恢复机制，甚至具备高可用性。

小结

本章我们介绍了 5 类共 35 个关注角度。

第一类，执行时机，共 6 个关注角度：

- 包含改动的颗粒度。
- 流程顺序和卡点。
- 减少等待。
- 管理并发。
- 操作对象的颗粒度。
- 整体协调。

第二类，执行效果，共 5 个关注角度：

- 执行效果度量。
- 覆盖范围。
- 执行方法。
- 人员能力。
- 环境一致性。

第三类，执行效率，共 11 个关注角度：

- 执行效率度量。
- 自动执行。
- 工具辅助记录和展现。
- 工具间集成。
- 自主完成。
- 便捷配置。
- 快速测试准备。
- 快速执行。
- 规范可重复。
- 资源复用。
- 方案收敛。

第四类，问题处理效率，共 8 个关注角度：

- 问题处理效率度量。
- 及时发现。
- 适当通知。

- 及时处理。
- 便捷回退。
- 快速定位。
- 记录版本。
- 紧急改动的生效方式。

第五类，避免引入问题，共 5 个关注角度：

- 引入问题度量。
- 隔离性。
- 业务连续性。
- 权限。
- 工具可靠性。

本章是本书第 1 部分的最后一章，讨论了对于每个细分领域，可以从哪些关注角度进行分析。至于有哪些细分领域，是第 6 章介绍的内容——包括软件交付总体过程中的每个流程阶段，以及各个具体活动。

在本书第 2 部分中，将逐一考查每个流程阶段（共 6 个）。在第 3 部分中，将逐一考查每个具体活动（共 17 个）。不论是一个流程阶段还是一个具体活动，作为一个细分领域，都将用单独的一章来分析。具体的分析方法是，在这个细分领域中，按照本章划分的各个关注角度来逐一分析。

出于本书可读性的考虑，容易举一反三的内容通常只会在某个细分领域中讨论一次，在其他细分领域中就不再重复介绍了。

而在同一个细分领域中，在讨论某个关注角度时，为了阅读的流畅性，有时会顺便介绍另一个关注角度中的内容，于是这个关注角度也就不再重复介绍了。其实对这些关注角度的划分本来也做不到严格的MECE（Mutually Exclusive Collectively Exhaustive，相互独立、完全穷尽）[1]，更像是分析和考查的启发性入口。

另外，在读者阅读了本书前几章的内容后，凡是根据某个细分领域中某个关注角度的标题就能知道要考查什么，没有特别值得介绍的决窍、可自行推演应用的，本书就略去这个细分领域中的这个关注角度，以免读起来无聊。

所以在本书中，若以细分领域和关注角度作为两个维度，那么这是一个比较稀疏的矩阵，而且这个矩阵越往后越稀疏。

1　可参考《金字塔原理》一书。

第 2 部分
总体过程

第 8 章

代码改动累积

8.1 导论

8.1.1 考查范围

本章讨论的内容是从在一行源代码上做一点改动开始，在改动不断累积的同时，不断进行质量验证。

编写和修改代码本身不属于本章要讨论的内容，而工具（比如 IDE 的代码扫描插件）或其他人（比如结对编程中的同伴）提供的实时质量反馈则属于本章内容。

8.1.2 关注重点

当开发人员在个人开发环境中开发时，要尽量多做些测试，比如进行代码扫描、单元测试、人工自测、自动化接口测试等。自己发现疏漏和别人发现自己的疏漏相比，减少了很多沟通、交流的成本。而且，越早发现问题就越容易判断问题出在哪里——比如问题是由刚才改动的那几行代码造成的。

8.2 执行时机

8.2.1 包含改动的颗粒度：实时进行的测试

质量问题要尽早反馈，因为反馈得越早，开发人员越容易定位问题，修复也越快。这是一般原则。

对于代码改动，最早的质量反馈来自开发人员的个人开发环境，比如刚刚在一行代码上改动了几个字符。我们把这类方法称为实时进行的测试。

在实时进行的测试中，比较容易推行的是 IDE（比如 IDEA 或 Eclipse）中的代码扫描插件（比如 Sonar 插件）的实时扫描：打开该插件的实时扫描开关就可以了。当然，实时自动显示导致编译构建失败的语法错误等，比它还容易推行，因为这是 IDE 的基本能力。

而比较难推行的是结对编程。结对编程的本质是实时进行代码评审。这种方法其实到现在用的人也不是很多，但用过的都说好。

对于其他类型的测试，比如自动化单元测试、自动化接口测试等，则没有实时进行的必要，因为代码还没改完。

8.2.2　包含改动的颗粒度：随时进行的测试

开发人员在个人开发环境中编写代码告一段落后，应该随时可以进行多种类型的测试。这里所说的测试也包括构建——测试能否构建成功。

不需要测试环境的自动化测试包括单元测试、代码扫描、制品分析，也包括构建。以上 4 种活动，都应该是开发人员在其个人开发环境中随时单击一个按钮或者执行一行命令就能自动进行的。这些活动不需要测试环境，所以应该容易开展。

需要测试环境的测试就难做一些。现在常见的是微服务架构，所以通常不是把一个微服务运行起来就能做测试，而是需要整个测试环境。我们将在后面与运行环境相关的章节中详细讨论这件事情。

我们希望能够在个人开发环境中进行端到端的人工测试，这是工具平台应该提供的能力。如果没有这个能力，那么开发人员就比较痛苦了，因为很多问题都查不出来，只有等到代码改动提交之后（说不定很久以后），才被测试人员查出来，然后反复沟通、确认、修改，再确认。

自动化测试也应该可以在个人开发环境中进行才好。如果自动化测试只能在代码改动提交后进行，只能在流水线上执行，那么它的反馈就会比开发人员随时可以进行的测试的反馈要晚得多。特别是，如果自动化测试脚本本身是由同一个开发人员编写的，那么更应该随时可以测试才好。建议自动化接口测试由开发人员直接编写测试脚本，后面会详细讲解。

注意：在代码改动提交前，在个人开发环境中通常没必要做全量回归性质的自动化接口测试和自动化 UI 测试，因为还没到严防死守的时候。值得执行的是与本次改动、当前特性相关的自动化测试，其测出问题的可能性相对比较大。

8.3 执行效率

工具间集成：使用 IDE

大多数开发人员都在使用 IDE（Integrated Development Environment，集成开发环境），因为它可以一站式地完成几乎所有开发时要进行的操作，同时还以图形化的方式友好地显示。对于稍微有点规模的程序来说，这能带来很大的方便。

有时使用 IDE 会遇到一些挑战，比如不能支持比较小众的语言或技术栈，或者不能在某些操作系统上运行。为此要想办法解决。这里讲一个笔者曾经遇到的案例：某项目使用的技术栈是基于某个 UNIX 系统的，只能在相应的服务器上构建和运行，无法在开发人员的笔记本电脑上完成构建，自然也就无法调试。一开始采用的解决方案是使用 Samba 服务，把 UNIX 服务器上的源代码同步到笔记本电脑上，然后用笔记本电脑上的 IDE 读代码。这个方案使得 IDE 的大部分核心功能都无法发挥作用。后来将方案调整为在 UNIX 服务器上直接使用 IDE，在笔记本电脑上显示 UNIX 服务器的 GUI。这在本质上接近于现在越来越流行的云桌面方案。

另外，值得一提的是，由于小程序、函数服务等更轻量的程序崛起，以及带宽等技术条件不断改善，基于浏览器的云 IDE 的应用范围在逐年扩大。

第9章

代码改动提交

9.1 导论

9.1.1 考查范围

本章讨论的内容是把具备一定质量的代码改动提交到版本控制工具中。

这里所说的提交到版本控制工具中，是指不仅要提交到本地代码库，最后还要提交到服务器端的代码库。以 Git 为例，这里执行"git commit"命令提交到本地代码库是不够的，要执行"git push"命令一直提交到服务器端的代码库。

本章介绍的内容是把代码改动成功提交到代码库中的目标分支。如果在执行"git push"命令之后代码改动并没有立刻出现在目标分支上，而是还要经过一定的过程，那么这个过程也属于本章讨论的内容。在 9.2.2 节将讨论这方面内容。

把代码改动成功提交到代码库中的目标分支，典型的，如提交到特性分支。如果没有经过特性分支，而是直接提交到集成发布分支，我们将介绍验证代码改动的质量，并把代码改动直接提交到集成发布分支的过程。

9.1.2 关注重点

在将代码改动提交到目标分支之前，要尽量多做各类测试，以保证提交的质量。

9.2　执行时机

9.2.1　包含改动的颗粒度：提交的颗粒度

一次提交所包含的代码改动量不能太大，不然代码合并、代码评审等都不好做。一般认为平均一天提交一次到几次是比较合理的，甚至频率再低点也没关系。

但是千万不要机械地理解成每天必须提交，甚至把提交作为每天下班前的最后一件事情，而不论开发到什么程度。这样做，就违反了另一个重要原则：每次代码改动提交，都应该是逻辑上完整地完成了一块改动。不然，在做代码评审时，或者将来翻看历史时，就会云里雾里，难以理解。如果连构建还没通过或者破坏了主要功能，那就更麻烦了。所以说应该是逻辑上完整地完成了一块改动，而平均一天提交一次到几次是一个统计值，不要机械地执行。

9.2.2　包含改动的颗粒度：提交时进行的测试

这里所说的提交时进行的测试，意思是把代码改动提交到服务器端的代码库后，它并没有直接出现在目标分支上，而是等若干种人工测试和/或自动化测试都通过了，才算通过了质量门禁，于是才出现在目标分支上。这里所说的人工测试一般是指人工代码评审，而自动化测试一般是指构建、代码扫描、单元测试，用流水线串接起来。典型的，如 Gerrit 工具支持这样的机制，通常设置为，只有当流水线成功运行、代码评审也通过时，代码改动才会出现在目标分支上。

然而，这样的机制并不普遍存在。原因如下：

- 一般将代码改动提交到特性分支，然而，在特性分支上一般也就一两个人一起开发，与集成分支相比，因为质量问题而相互干扰的情况并不严重，所以不需要严防死守。在将特性分支提交到集成分支时再严防死守也不迟。
- 增加这个过程，特别是增加人工代码评审环节，会引入很多等待时间。而同一特性分支上的改动提交之间又多相互依赖，于是出现两难问题，彼此等也不是，不等也不是——如果等着前一个改动提交通过后再开始下一个，那么就是在空耗时间；如果不等，就要通过工具管理它们之间的依赖关系，比如当前一个改动又追加了一些修补后，后一个改动就要相应地调整自己所基于的版本。这还仅仅是两个改动间依赖的情况，如果有更多的改动构成链条甚至是有向无环图，那可真是要命了。
- 开发人员提交前在本地进行的测试，通常已经包括除代码评审之外的其他内容。

因此，这样的机制通常应用于：

- 非常复杂和/或对质量要求很高的系统，比如操作系统、云计算基础设施、搜索引擎等。

- 不使用特性分支，将代码改动直接提交到集成分支的场景，包括一次代码改动提交就是一个特性的场景。

由于这样的机制相对并不普遍存在，与其相关的工具、功能这里就不做过多介绍了。它和将特性分支合并回集成分支时的机制颇为相似，而后者我们将详细介绍，可以把后者作为前者的参考。

9.3　执行效果

执行效果度量：具备一定的质量

在将代码改动提交到服务器端的代码库之前，它就应当具备一定的质量。这里所说的一定的质量，意味着：

- 完成了逻辑上完整的一块改动。
- 构建可以成功完成。
- 单元测试该写的都写了，并且可以成功执行。
- 代码扫描没有新增的严重问题。而新增的不严重问题，也是确实有理由暂时欠着的技术债。
- 与本次改动相关的功能，基本可以正常工作，没有明显的问题。

所以，看代码改动的质量好不好，要看在后续的过程中是不是经常发现前面的事情没有做到位。比如特性分支上的提交会触发流水线，而流水线中的构建这一步经常失败，这就说明前面的事情没有做到位。

9.4　执行效率

9.4.1　执行效率度量：从发起提交到提交完成的时间

如果使用 Gerrit 这类工具，把通过代码评审作为提交完成的前提条件之一，那么从发起提交到提交完成的时间就会比较长。要尽量加快这一过程，以尽可能减少提交间等待和依赖的情况。我们将在第 22 章中详细讨论这部分内容。

9.4.2　工具辅助记录和展现：代码改动提交说明

工具辅助记录，首先是记录工作的目标和内容。在代码改动提交这个层级，体现为在版本控制工具中提交代码改动时所填写的说明信息，也就是 Commit Message。

提交说明通常应该遵循某种规范，比如首行是一句话简介，而如果有更多的内容要说明，那么就空一行之后再详细描述。

提交说明应该言之有物，方便别人（甚至自己）在将来查看时能迅速理解。同时它应该是概述性的，因为代码本身会说话，对于细节内容，代码本身以及代码中的注释已经能够说明，再写一遍就显得啰唆了。

此外，把代码改动提交与工作项相关联，也可以少费很多口舌解释，详见下一节。

9.4.3　工具间集成：代码改动提交与工作项关联

将代码改动提交与工作项相关联是一种经典的方式，在代码改动提交的说明中，以特定格式记录工作项特别是缺陷的 ID。于是，在工作项管理系统中，相应工作项的相应页面中就会有对应的代码改动提交条目的信息，点击它可前往该代码改动提交的详情页面。而在该代码改动提交的详情页面中也有相应的工作项条目的信息，点击它可前往工作项的详情页面。

甚至可以自动改变工作项的状态，典型的，当代码改动提交后，工作项的状态自动从"进行中"转变为"待验证"。

需要注意的是，这种方式并不总是最佳方式。当一个工作项仅对应一两个代码改动提交时，这种方式表现得很好，典型的，当工作项是在测试过程中发现的一个缺陷时。然而，当一个工作项经常对应若干代码改动提交时，这种方式的效率就有点低了，因为需要在相关的每个代码改动提交中都标注关联到这个工作项。典型的，如果一个工作项是一个用户故事，它对应一个特性分支上所有的代码改动提交，那么此时还不如把这个工作项直接关联到特性分支，进而关联到合并请求（我们在第 11 章讲特性改动提交时再细说）。

第 10 章

特性改动累积

10.1　导论

10.1.1　特性的概念

本书所说的特性（Feature）这个概念，大体上对应于敏捷需求管理中的用户故事（User Story），它是对用户有意义、有价值的一块改动，它是独立可区分的，可以独立开发和测试，甚至可以独立交付给用户，而不是必须和其他特性绑在一起交付。特性通常不太大，几个人日甚至更短的时间就可以开发完成。

从特性的视角来看，我们可以简单地认为，软件开发和交付过程中的各种计划安排，大体上都是以特性为单位的，比如制订迭代计划是以特性为单位的，在看板墙上跟进也是以特性为单位的。以特性的视角，规划设计一个特性，作为一个工作项条目记录下来；开发这个特性，为它写代码；将该特性提交测试；该特性通过了测试，等待发布，等等。而从测试、发布上线的视角来看，测试和发布也是以特性为单位的，比如本次测试的版本包含了哪几个特性，本次计划发布的版本包含了哪几个特性，等等。所以说特性是把软件需求、设计编码、集成发布串起来的核心概念。

在敏捷需求管理和任务管理中，在用户故事之上还有史诗（Epic）和主题（Theme）。那为什么它们不是软件交付过程关注的重点呢？因为每次测试、每次发布不一定都包含一个史诗或主题的全部内容。同样，我们也不把用户故事分解得到的任务（Task）作为关注重点，因为一个任务往往是不能独立发布的。

既然用户故事这么好用，那么为什么在用户故事之外还要引入"特性"这个概念呢？因为除了要为功能需求编写代码并测试和发布，还有非功能需求、缺陷修复、技术债等。除了一个用户故事是一个特性，一个线上缺陷的修复、一个软件实现上的优化或者一处安全上的加强，也都可以被看作一个特性。当然，前提是这个用户故事/线上缺陷的修复/软件实现上的优化/安全上的加强是独立的，并且不值得再拆分为更小的特性分别管理。

10.1.2　特性隔离

一般来说，一个未开发完的或者开发完但是尚未达到一定质量的特性，应该将其与其他特性进行隔离，防止干扰其他特性。如果早早地将它们混在一起，那么已经开发完的特性就必须等未开发完的特性完成后，才能发布上线，这就会造成相互牵扯。另外，从质量的角度来看，未开发完的特性可能会影响测试和调试，甚至在极端的情况下会导致程序无法启动。

那么如何实现特性隔离呢？使用特性分支是一个典型的方法，此外还可以使用特性开关、后端先行等方法，后面会展开介绍它们。

10.1.3　考查范围

本章讨论的范围大体上是从将代码改动提交到特性分支开始，在改动不断累积的同时，不断进行质量验证，直到特性开发完成。

如果不使用特性分支来隔离开发中的特性，而是使用特性开关、后端先行等方法来隔离，那么仍然是考查到特性开发完成。

10.1.4　关注重点

争取在特性分支上尽量多做些测试，甚至包括测试人员做的"正式"测试。相比于在集成发布分支上做测试，在特性分支上做测试能及早发现问题、更快修复问题，而且不会让不同特性间相互等待；而在集成发布分支上做测试，要等各特性都测试通过了，测试发现的问题都改了，才能一起发布，所以会彼此牵扯。

10.2　执行时机

10.2.1　包含改动的颗粒度：代码改动提交触发的测试

经典的持续集成方式是，一旦集成分支收到提交的代码改动，就会自动触发构建、代码扫描、单元测试等。推而广之，在特性分支上也这么做，有价值吗？

当然有价值，它能够比较早地提供质量反馈。当特性比较大、开发时间比较长时，它尤其有价值。此外，并不是每个开发人员每次都会在本地做比较充分的测试，而这个环节可以查漏补缺。

当然，与集成分支上提交触发的测试相比，它的价值并没有那么大。因为：

- 在特性分支上一般也就一两个人一起开发，与集成分支相比，因为质量问题而相互干扰的情况并不严重，所以不需要严防死守。在将特性分支提交到集成分支时再严防死守也不迟。
- 开发人员提交代码改动前在本地做的测试，其作用在相当程度上与这种机制的作用相同。

10.2.2　包含改动的颗粒度：随时进行的测试

总的原则是，尽量把各种测试从集成分支左移到特性分支上，因为这样可以尽早反馈、尽快修复问题，而且特性间互不干扰，比如特性 A 质量不好，不会影响特性 B 的上线节奏。

你可能会有这样的担心：将来发布的版本会包含若干特性，在特性分支上测试的版本并不是将来发布的版本，所以在特性分支上测试不保险。这在逻辑上是有道理的，但实际上通常问题不大——如果每个特性都比较小，那么将它们合并到一起后相互干扰的可能性就比较小。当然，如果对产品质量要求非常高或者特性分支上改动很多，则另说。

尽量把测试左移到特性分支上，这会遇到种种挑战，需要化解。一个典型的挑战是，如果只有一套测试环境，那么就没法为每一个特性分支都分配一个单独的测试环境，没法在干净可控的环境中完成端到端的全链路测试。于是需要在测试环境中进行的各种测试就只好等到特性合入集成分支后，在集成分支上进行。这个问题怎么解决，等我们讲到运行环境管理时再详细讨论（见第 19 章）。

另一个典型的挑战是，如果全量回归性测试不是自动化的，那么改在特性分支上做回归测试，将明显增加人力成本——本来是对几个特性一起做测试，现在变成了对每个特性都要做一遍测试。让全量回归性测试尽量自动化。如果回归测试是 UI 测试，那么全面的自动化是有一定难度的，试试改为接口测试。

改进可以一步一步做。首先让开发人员在其个人开发环境中尽量对该特性本身进行比较细致和全面的自测，而在服务器端的测试环境中进行的测试，以及由测试人员进行的"正式"测试，暂时还是在集成发布分支上进行，然后再逐步把更多的测试左移到特性分支上。

总之，在现实条件下，能在特性分支上做多少测试就做多少，同时不断改善现实条件，争取在特性分支上进行更多的测试。

10.2.3　流程顺序和卡点：适当并行

单元测试总是发生在构建之后。如果在流水线上看起来它们是并行的，那么大概率是因为单元测试环节已经包含了构建，实际上构建了两次。当单元测试环节已经包含构建时，就没必要再有一个构建环节与它并行或串行了。

如果流水线工具足够给力的话，那么代码扫描可以和构建并行，它不依赖构建及构建之后的任何操作。而单元测试覆盖率之类的分析统计就必须被安排在单元测试完成后。

如果有人工的代码评审环节，则它通常发生在构建、单元测试、代码扫描这些自动化活动成功完成之后。这些自动化活动速度快、成本低，通过它们能发现问题，那就没必要做人工评审了。因为通过人工评审找出问题后，还需要人与人之间的协作，记录、沟通、跟进都挺费时间的。

10.2.4　管理并发：控制在研的特性数量

精益思想认为，应该限制在制品的数量，适当少些为好。反映在特性上，就是不应该有很多特性都拥堵在某个特定的阶段，比如正在开发、等待测试、正在测试、等待发布等阶段。并且在从确定需求到发布上线的全过程中，也不应该有很多特性，即使它们在不同的阶段。因为过多的特性并行，可能会导致一个人同时开发多个特性，频繁地在不同的特性之间切换，浪费时间；也可能会导致相互等待，以便一同测试或发布；还可能会导致积压排队，于是需要耗费时间和精力来管理优先级，跟进每一个特性。此外，还可能会掩盖其他问题，比如某个特性因为依赖外部协作而迟迟不能完成，然而谁也不着急——开发人员可能会想，做不动就先放放，反正自己手头还有那么多事情要忙。

那么，并发的特性数量多少合适呢？如果总是有若干在研的特性都在等资源、等依赖，都在抢人，那就不好了。要让团队成员时不时地感觉事情做了为好。此外，如果一个产品/模块的开发人员多，那么在这个产品/模块上并行开发的特性就可以多些，反之就要少些。

瀑布模式必然会导致并发数量多：先是都去做开发，排队争夺开发资源；开发完成后继续等待，等着一股脑地涌向测试，再排队挨个测试。

迭代模式则要好得多，特别是当迭代周期较短时。迭代模式通常被做成一个小型的瀑布：迭代开始时都一股脑地去开发新特性，等过几天后又都一股脑地送交测试，到迭代末期发布上线一个版本。相对来说，小型的瀑布要比大型的瀑布好得多。

　　那么，还有没有改进的空间呢？有的。记得有一次，笔者和一个项目的测试人员聊天，他们说把每个迭代都变成一个小瀑布，在迭代末期一起送交测试、一起发布。其中一个测试人员说道，"这么做感觉已经优化到头了。我们测试人员始终都有事情做。在等待执行测试时，我们也要了解需求、做测试分析和设计、编写测试脚本等。等都做好了，差不多开发那边也开发完了，正好送交测试，执行测试。"于是笔者问，"从开发人员完成一个特性算起，到把它发布出去，一共要多少天呢？其中真正对这个特性执行测试又占几个小时呢？"我们一起分析了一番，原来其只占一点点时间，绝大部分时间都消耗在各种等待之中。这就意味着仍然有改进的空间。

　　即使仍保留迭代这个流程框架，也可以做一些优化。首先，不要太严格，不是定下来在一个迭代中要完成的事情，就一定要在这个迭代中完成，做不完可以在下一个迭代中接着做。制订迭代计划就是画一个圈，如果你闲下来没事干，就去圈里面领一个活儿。而对于这个圈，每两周大家要聚在一起看一看，要往里面添加哪些新条目。当然，真有急事，那就赶快安排，不用等到下一个迭代计划会。

　　其次，不要把迭代和发布上线绑在一起，非要在每个迭代末期都做一次发布，而应该是能测试就随时测试，能发布就随时发布。或者说，不要认为迭代这个流程框架就意味着在迭代末期发布，以此为由拒绝随时测试、随时发布。

　　总之，尽量让流动平滑起来。随时都可能有新的特性开始开发，随时都可能有新的特性开发完成、送交测试，随时都可能有新的特性通过测试、发布上线。特性间要尽量相互独立，不必挤进同一个批次，遵循相同的时间表。在此基础上，分析看板墙上还有没有其他因素导致拥堵。

10.2.5　整体协调：完整的特性

　　一个特性可能涉及若干个微服务的改动，也就是涉及若干个代码库中的改动，需要分别新建特性分支并在其上修改。此外，特性还可能涉及对环境要求的变化、配置参数的变化、数据库表结构和内容的变化等。

　　针对一个特性的不同改动，应尽量在将这个特性提交到集成分支之前一起进行测试，完整地测试该特性。当然，这需要有合适的测试环境支持，这部分内容将在第 19 章中进行详细讨论。

10.3　执行效果

执行方法：特性隔离的方法

前面讲了特性隔离的概念：隔离还没开发完成的特性。那么如何实现特性隔离呢？

如果特性很小，几个小时就能开发完成，那么在本地开发完成后再提交到服务器端的代码库就行。这样的话，在提交前它就不会和其他改动混在一起，从而不会影响其他改动。此时从代码改动累积到代码改动提交的过程同时也是从特性改动累积到特性改动提交的过程。但这个方法不能覆盖所有的情况，因为有的特性不那么小，或者说一个特性需要不止一个人来开发。

而如果一个微服务非常小或者不常更新，一般也就有一个特性正在开发中，很少出现开发中的特性与其他特性混在一起的情况，那么自然就实现了特性隔离。此时从特性改动累积到特性改动提交的过程是在集成发布分支上完成的。但这个方法也不通用，因为多个特性同时开发的情况是很普遍的。

也可以考虑使用特性开关，也就是 Feature Toggle、Feature Flag 之类的，用它们来实现特性隔离。在源代码中，为一个特性加一个开关，根据开关的不同取值走不同的逻辑路径。当特性还没开发好时，只有在测试和调试该特性时，才把这个开关打开。而在其他场景下"感觉"不到这个特性，所以甚至可以带着它部署上线。然后等将来这个特性开发好后，验证没问题了，再在生产环境中打开这个开关。这就是所谓的"部署与发布分离"。

但是这样做有点麻烦，需要改代码、添加逻辑，而且完事后还要记得清理掉，这增加了不少额外的工作量。当然，对于一些比较大的改动可能值得这么做，比如架构调整。但是如果每个特性都要加一个开关，那好像有点累[1]。

还可以考虑使用后端先行（Keystone Interface）[2]的方法。先实现后端，而 UI 不改，比如不暴露相应的新的菜单项，所以"正常"访问不到。等后端做好了，再对 UI 进行相应的调整。这个方法不错，但是它也不能覆盖所有的情况，因为不是所有的特性都对应一个特定的前端页面入口。

相比之下，使用特性分支（Feature Branch）来进行特性隔离是一个比较通用的方法：让每个特性都对应服务器端代码库中的一个特性分支，等特性开发好了，再把特性分支合并到集成分支，完成特性改动提交。

当一个特性涉及多个代码库中的改动时，那就在每个代码库中都拉出一个相应的特性分支。通常这些特性分支有相同的名称或编号。等特性开发完成后，再把各特性分支分别合并到该代码库中的集成分支，完成特性改动提交。

---

1 特性开关有很多用途，用于特性隔离只是其中之一。更多内容可参考：链接 11。

2 参见：链接 12。

10.4　执行效率

10.4.1　自动执行：构建流水线

不论是特性分支还是集成发布分支，都有对流水线的需求。流水线的本质是自动按照一定的顺序执行一系列活动。特性分支对流水线的功能需求相对比较简单、比较基础，具体来说：

- 流水线可以灵活配置，把不同的自动化活动串联起来：前一个自动化活动成功结束后，自动启动下一个自动化活动执行，比如构建成功结束后进行单元测试。当然，做得更好的话，除了支持串行，还可以支持并行。
- 既可以人工触发流水线的执行，也可以在代码改动提交、创建合并请求等事件发生时自动触发。此外，还有定时触发等方式。
- 在执行前可以通过页面或 API 输入一些参数的值。
- 为流水线上的活动提供一个工作环境，即构建环境。构建环境不是测试环境、生产环境这样完整的分布式运行环境，而是单独的某台机器、某个容器，在里面一口气完成下载源代码、构建、代码扫描、单元测试等一系列活动步骤。本书第 16 章会专门讲解构建环境。

我们姑且把这样相对简单的流水线称为构建流水线。流水线更多的功能，在特性分支上还不太用得着，等到集成发布分支上才需要，那时我们就需要部署流水线了。本书第 12 章将详细介绍部署流水线。

10.4.2　工具辅助记录和展现：流水线执行情况

流水线的本质是自动按照一定的顺序执行一系列活动，它同时还要记录和展现当前的进度和状态，以便相关人员能够判断是否需要采取进一步的行动。如果流水线上某一步执行失败或者超时，则需要去定位和修复问题。为了定位和修复问题，还需要进一步记录和展现执行的细节。此外，为了持续改进，还应当记录数据，以便进行适当的度量。

作为基本信息，需要记录和展现流程的一次具体执行当时的流水线编排、触发方式、触发人员、输入参数、起止时间、执行结果，以及这次具体执行中每个活动当时的配置、输入参数、过程日志、起止时间、执行结果、输出产物如安装包的信息。

其中的过程日志应该有适当的结构，按照不同的活动甚至一个活动中不同的步骤/脚本命令行来划分，并且清晰地展现划分结构，这是为了能够快速定位到相应的日志段落。此外，日志中的错误和警告信息应当适当突出显示。

而测试类型的活动则通常有测试报告输出。测试报告往往以条目化的方式记录出问题的地方，而且针对每处问题可以再进一步查看细节。

最后，还应该提供一些帮助流程改进的统计信息，比如构建平均时长、执行成功率、红灯修复时长等。这些度量、统计和展现可以是流程自动化平台本身的功能，也可以由单独的度量统计平台集中处理和展现。

以上所有数据和信息，均应妥善存储。

10.4.3　方案收敛

讲到这里，笔者不禁想起了到一家企业做咨询的经历。当时是为这家企业的 3 个项目提供咨询服务。首先当然要摸底，看看当前是什么做法。笔者了解到的情况是，在项目 A 中，基于 Jenkins 搭建了流水线，为此开发了不少脚本，流水线的配置文件写得很长。在项目 B 中，不论是业务形态还是技术栈，都与项目 A 很像。事实上，它们就是开发一个大系统的不同部分。等到考查项目 B 的流水线时，发现它也是基于 Jenkins 的。可细看，用法不一样……在流水线总列表中没有项目 A 的分组，也许使用了什么黑科技隐藏了？再细看，Jenkins 服务的 IP 地址也不一样，原来是搭建了两套 Jenkins。等到考查项目 C 时，发现又搭建了一套 Jenkins……

要知道，每搭建一套 Jenkins，都需要有人去研究 Jenkins 怎么安装、什么时候升级、如何做备份、如何保证它的可靠性等运维工作。此外，还要成为 Jenkins 专家，研究怎么配置和使用、编写相应的脚本甚至插件等。每个项目都在重复做这些事情，很浪费资源和精力。其实应该维护一套 Jenkins，并且尽量把脚本可复用的部分抽取出来放入公共库中。

当然，有的时候确实需要不同的方案。比如一个企业集团既开发嵌入式软件，又有自己的电商网站，这是非常不同的业务场景，并且采用不同的技术栈，它们的开发、集成、交付方式会很不一样。此时它们很可能在使用两套不同的集成、交付工具平台。

还有的时候，我们想对交付过程和相关工具进行改进，先试点，那么必然会带来一段时间的与众不同。此时不应该以不统一为由阻止改进和试点。

总之，方案不一样，一定要有不一样的原因。而如果没有什么特别的原因，那么就应该保持一致。

不仅流水线方案是这样的，软件交付过程涉及的各类工具也都应遵循这样的原则。这方面内容在后面的章节中就不重复讲了。

10.5　问题处理效率

10.5.1　问题处理效率度量

流水线的红灯修复时长，也就是一个分支上流水线从出现执行失败的情况到问题修复后再次执行成功所需的时间，是一个常见的度量指标。然而，在特性分支上，红灯修复时长这个指标并不像在集成发布分支上那么重要。为什么呢？一是因为集成发布分支就像大动脉，堵上了是大事，而在特性分支上有问题顶多就是影响这个尚未合入的特性本身；二是因为特性分支上出现问题，通常开发人员自己就比较关心，特别是对通过质量门禁有影响时，所以不用太督促，犯不着"皇上不急太监急"。关于流水线的红灯修复时长，在第 12 章中再详细介绍。

10.5.2　适当通知

当某个步骤或活动执行完，接下来需要某人去继续做点什么的时候，要精准通知到这个人，通知了就意味着收到通知的人大概率会采取行动。

千万不要滥用通知机制。如果通知的消息净是一些不痛不痒的内容，那么接收方就会慢慢变得不敏感，甚至接收方可能会设置屏蔽通知，以后重要的事情也就通知不到了。通常没必要采用广播的形式通知到全团队，也没必要设置一个特定的人当"二传手"。

具体到特性分支上的流水线，如果流水线执行失败，那么就要通知到代码改动人员去修复问题。流水线执行成功一般就不用通知了。

应该使用什么方式通知呢？最基本的方式是自动发送电子邮件，其好处是邮件中的内容可以比较多，而且点击链接就可以直接查看详情。但它也有缺点，就是时效性差一些，而且很多人不是收到邮件就会看的。所以建议考虑使用即时通信之类的工具进行通知。

10.5.3　记录版本：流水线配置的修改历史

应当把流水线配置的修改历史保存下来，其好处是，如果流水线执行出现了异常情况，则可以查看是不是它本身的配置最近有什么变化所导致的。

流水线配置有两种方式。其中一种是代码化表达，用一个 XML 或 YAML 格式之类的文本文件来表达流水线的配置，"一切即代码"；另一种是图形化表达，通过图形用户界面编辑和展示流水线，这种方式更容易学习和操作。把这两种方式结合起来可能是最好的——以代码化的配置文件的形式记录和存储，同时又提供图形用户界面来编辑和展示这个配置文件的内容。

那么将流水线配置文件存储在哪里呢？将其存储在代码库中，于是就可以借助版本控制工具来记录流水线配置的修改历史。具体的实现方法有两种，它们都很常见：一是把流水线配置和与其相关的源代码存储在一起，放在一个代码库中；二是把各个微服务的各条流水线的配置集中存储在一个代码库中。这两种方法各有千秋。前者，在流水线的配置与源代码的版本之间自动维护对应关系，不用额外考虑不同的版本系列（比如 1.x 和 2.x 版本系列）有不同的流水线配置等问题；后者，比如构建和静态扫描这两个流程的步骤是串行还是并行，就与源代码本身没关系了，也就不必非要把流水线配置放到源代码所在的代码库中，独立出来更灵活。

10.6 避免引入问题

工具可靠性

我们希望在软件交付过程中所使用的工具（比如版本控制工具 Git）和服务（比如部署 GitLab 作为版本控制服务）是可信任的、可靠的，不会时不时就不能用了，或者时不时就遇到严重缺陷。

这一诉求其实具有相当的普遍性，不论是哪个阶段的流程涉及的工具和服务，也不论是具体哪个活动所使用的工具和服务，我们都会有类似的诉求。在考查实际项目时，我们需要对每个工具和服务分别进行考查。在本节中，我们将集中讲一下各种工具和服务的可靠性的共性内容，请大家自行应用到不同的工具和服务上。

第一，在组织结构上，不论是外部引入的工具还是自研的工具，都需要有明确的负责人。该负责人及其带领的团队（如果有的话）负责工具的选型、购买/升级、开发/定制、部署运维、技术支持等。

第二，在硬件资源上，要提供充分的保障，保障服务的性能和容量。

第三，运行中的工具和服务，需要有充分的监控，以便出现问题时快速响应。

第四，运行中的工具和服务，其数据要备份，目的是出现问题时（基本）不会丢失数据。但是不能把数据备份到工具和服务所在的服务器上，最好是备份到异地。也可以考虑使用 RAID（Redundant Array of Inexpensive Disk，廉价冗余磁盘阵列）等方案。备份和恢复要有详细的操作方案，并且方案要经过演练验证。

越是涉及重要数据的工具和服务，越是要重视数据的备份。典型的，如存储着源代码的版本控制服务、存储着安装包等制品的制品管理服务、存储着工作项信息的工作项管理服务，需要重视数据的备份。

第五，考虑将工具和服务做成高可用方案。也就是说，不仅数据要热备份，可以随时切换到备库，程序也要热备份，可以随时切换到备用节点。其好处是，当出现硬件故障等情况时，使用工具和服务的用户几乎感知不到，仍可以正常使用。这样的高可用方案也要经过演练验证。

第六，应该为工具和服务的可靠性建立目标指标，其通常体现为 SLA（Service Level Agreement，服务级别协议）。可用性至少要达到 3 个 9（99.9%），4 个 9（99.99%）当然更好。对因为故障或维护造成的不可用时间要进行记录和统计，以反映是否达到 SLA。

此外，对于还不太稳定的工具或工具的特定功能，要考虑出现问题时的降级措施。比如是类似于流水线这样的流程自动化平台上的一个活动或步骤，如果其不稳定或者不好用，则不要卡住相关的流水线。此时应该有允许手动跳过该活动或步骤的能力，供在具体项目的具体场景中权衡使用。

第 11 章
特性改动提交

11.1 导论

11.1.1 考查范围

本章讨论的内容大体上是在特性开发完毕，达到一定的质量，且通过了特性提交的质量门禁后，将特性分支合并到集成分支。

如果不使用特性分支来隔离开发中的特性，而是使用特性开关、后端先行等方法来隔离，那么考查的内容就是当特性开发完毕并达到一定的质量后，不再被隔离。

11.1.2 关注重点

争取在特性分支被合入集成发布分支前，就能够做尽量多的测试。

11.2 执行时机

11.2.1 包含改动的颗粒度：特性的颗粒度

一个特性最好不要太大。我们希望一个特性从需求提出到交付上线的时间尽量短，所以需要将大特性拆分成小特性，逐步上线。相应地，用户故事要适当小一些，对应的特性要适当小一些。从软件集成的角度来看，也希望特性分支上的代码改动适当小一些，不然集成时容易出问题。一般来说，一个特性在几天内就应该开发完。如果需要几个星期的话，那么这个特性可能就太大了，应尽量拆分。当然，这与提交的颗粒度一样，是从统计角度来说的，针对具体特性还要具体分析。

特性分支似乎与持续集成相冲突：持续集成不是说每天要多次提交改动到集成分支吗？但是做不到每人每天完成多个特性吧？我们还是多从持续集成的理念上看，关键是频繁地提交、集成和验证这个理念，只要让特性比较小就好了，但是并不是必须让每个特性都小到几个小时就能开发完成，每天提交多个特性。从经验上看，一个特性花几天时间开发完成，然后合并到集成分支，就算挺顺的了——代码合并冲突不多，因为合并而产生的缺陷也少见。只要避免每个特性总是开发几个星期甚至几个月后再合并到集成分支就行。

11.2.2　包含改动的颗粒度：当特性做不到既小又独立时

本书中所说的"特性"这个概念，来自敏捷开发中的用户故事。好的用户故事符合INVEST原则 [1]。一方面，它是独立的（Independent，INVEST中的"I"），最好是能够独立发布；另一方面，它是小的（Small，INVEST中的"S"），一般几个人日就能完成。然而，并不是总能把需求拆分得这么好，让每个特性都既小又独立。这是因为：有时拆分的水平不高，有时客观上就不好拆分。

比如在产品开发的早期，通常很难在前一两个星期内就发布一个足以供用户使用的版本，包含若干足以供用户使用的功能。实际上，即使产品已经发布上线了成熟稳定的版本，也有可能要对它做大改版，或者增加一个全新的功能。

这与业务场景也有关系。"这种短期规划、直接与客户接触和持续迭代的风格，非常适合具有简单核心和大量客户可见特性的软件，这些特性的可用性可以增量方式上升，不太适用于那些只有非常简单的用户接口和大量隐藏的内部复杂性的软件，这些软件可能直到相当完整时才具有可用性，或者实现客户无法想象的飞跃式解决方案。" [2]

当特性无法既小又独立时，我们该怎么办呢？

为行文方便，在本节中，我们姑且称满足独立发布这个特点的特性为"外部特性"，而称满足小这个特点的特性为"内部特性"。我们期待一个外部特性就是一个内部特性，但有时一个外部特性包含了若干内部特性。

第一种方法是让特性分支代表一个外部特性，以确保每个特性分支上的改动都是独立可发

1　详见《用户故事与敏捷方法》一书。

2　出自 InfoQ 的文章"为什么谷歌的开发人员认为敏捷开发是无稽之谈？"（链接 13）。

布的，可以灵活选择本次集成哪些外部特性、本次发布哪些外部特性。当一个外部特性包含若干内部特性时，先在该特性分支上对这些内部特性进行集成，形成外部特性。当然，使用这种方法，当一个外部特性对应的代码改动较大时，会对持续集成和持续交付有一定的不利影响。

第二种方法是让特性分支代表一个内部特性，以促进持续集成和持续交付。

在一个软件研发的早期迭代中，此时一次迭代可以意味着一个内部版本的发布，对应若干这样的内部特性，这就足以应对产品或微服务的第一个正式版本发布之前的情况。类似地，如果在维护 1.x 版本的同时研发 2.0 版本，那么在研发 2.0 版本的过程中，使用特性分支代表内部特性，做几次迭代，就发布几个内部版本，也没问题。

而如果在第一个对外版本发布之后，持续对外发布版本，那么当一个特性分支只对应一个内部特性时，特性分支之间就会有一定的依赖，失去一些独立性、灵活性，这需要权衡。在这种情况下，还应该考虑对特性分支之间的依赖进行管理，避免出错。比如标注同属于一个外部特性的特性分支必须一起发布，并在发布前自动检查这一点。

此时也可以考虑额外采取其他特性隔离的方法，比如使用特性开关、后端先行等，实现对一个外部特性的特性隔离，保证尽管对外发布的版本从源代码角度来看带上了这些内部特性，但可以让它们只是内部可见，对外部用户并不可见。由于这样的外部特性通常是新功能、新页面，也就容易通过特性开关、后端先行等方法来实现特性隔离。

11.2.3　包含改动的颗粒度：特性提交时进行的测试

这是一种常用的方法：在特性分支上，当特性开发完成后，由特性开发人员发起合并请求（Merge Request，MR）或者拉取请求（Pull Request，PR），将该特性分支合并到集成分支。发起合并请求会自动触发流水线的执行——执行构建、单元测试、代码扫描等自动化测试。如果测试通过，就通知评审人员对该特性分支上的代码改动进行人工代码评审，直到评审通过。人工评审和自动化测试都通过后，也就是通过了特性提交门禁后，点击按钮就可以把该特性分支合并到集成分支。

这种方法体现的核心思想是，特性应该在达到一定的质量后再被合入集成分支。这是因为：一是有问题早点发现、早点解决比较有效率；二是尽量不要影响整体的集成交付流程，不够好的东西先别提交集成。

下面我们来讨论一些细节，并做一定的扩展。

首先，代码评审不一定是每次提交时都必须做，这是投入和风险之间权衡的结果，第 22 章会细讲。

其次，自动化测试并不限于构建、单元测试、代码扫描等不需要测试环境的测试，如果有合适的测试环境，做更多的自动化测试如自动化接口测试等，那就更好了。而人工测试也不限于人工评审，如果有合适的测试环境，就可以请测试人员人工进行一些功能测试。

最后，一系列自动化测试不一定是拉取请求触发的，拉取请求的关键是要检查测试的结果。可能每次将代码改动提交到特性分支时，都自动触发了流水线进行构建、单元测试、代码扫描。于是，拉取请求只是检查流水线是否成功执行，也就是各种自动化测试是否都通过了。

11.2.4　流程顺序和卡点：特性提交门禁

特性提交门禁是一个重要的质量门禁，其通常包括：

- 与单元测试相关的，如单元测试成功率、单元测试覆盖率。
- 与代码扫描相关的，如问题（潜在的问题）的数量与严重程度、判断架构合理性的一些指标。
- 代码评审，如评审是否通过。

单元测试应该100%通过，这是没有异议的。然而，单元测试覆盖率应该达到多少、考虑增量还是全量、如何计算增量，等等，是不太好把握的。这部分内容将在第 25 章中进行详细讨论。

代码扫描门禁并不是"零容忍"的，其核心是能早点修复的问题就早点修复，对于严重问题更要抓紧处理，同时让技术债总体保持较低水平。这部分内容将在第 23 章中进行详细讨论。

如果在特性分支上进行更多的自动化测试，或者由测试人员人工进行测试，那么也适合把测试结果加入特性提交门禁中。

11.2.5　整体协调：完整的特性

如我们在第 10 章中所提到的，一个特性可能涉及若干个微服务的改动，也就涉及若干个代码库中的改动，需要分别新建特性分支并在其上进行修改。此外，特性还可能涉及对环境要求的变化、配置参数的变化、数据库表结构和内容的变化等。

当特性开发完成后，我们把特性在不同代码库中的改动一起提交到集成分支。如果一个特性在一些代码库中还没有开发完成，或者它所依赖的外部功能还不具备，那么这个特性整体就还没有完成，一般就不要先把已经完成的部分提交到集成分支。因为提交后可能会给其他已经完成的特性带来麻烦——是否要一起测试，是否要一起发布，是否要等待。

当涉及在多个代码库中改动的特性提交时，最好是有相应的机制能够保证这些改动被一起提交。比如约定一个特性由谁负责合入，每当一个代码库中的改动完成后，都告诉这个负责人，而不要直接就合入集成分支。直到最后一个代码库中的改动也完成了，再由该负责人组织大家一起合入，并跟进确保完成所有的合入。

如果工具能够对此提供某种支持则更好。比如将合并请求的批准流程分为两步：第一步是通过质量门禁；第二步是合入。第一步包括各种自动化测试都通过了门禁，同时人工代码评审也被点击了表示评审通过的按钮。但此时并不会自动合入，而是自动发送一个通知。在第二步中点击按钮，才会把特性分支合入集成分支。

事实上，可能还有其他原因需要将合并请求的批准流程分为两步。比如某个特性开发完成后何时发布要等业务上的时机，当前并不确定它是不是要和集成分支上的其他几个特性一起发布，而此时该特性的代码评审已经没问题了。这时候就应该点击表示评审通过的按钮，至于什么时候把该特性分支合入集成分支，则另说。

11.3 执行效果

执行效果度量：具备一定的质量

类似于代码改动提交前应该具备一定的质量，在将特性分支合入集成分支之前，特性对应的改动整体也应当具备一定的质量。这里所说的一定的质量，一般意味着有很高的概率：

- 完成了该特性。
- 构建可以成功完成。
- 单元测试该写的都写了，并且可以成功执行。
- 代码扫描没有新增的严重问题。而新增的不严重问题，也是确实有理由暂时欠着的技术债。
- 本特性及其相关功能基本可以正常工作，没有明显的问题。

所以，看特性的质量好不好，就看在后续的集成测试过程中甚至发布之后，是不是经常发现前面的事情没有做到位。例如，如果在集成分支上测试人员进行的"正式"测试经常遇到很容易发现的问题，那么就说明在特性分支上开发人员的自测没有做到位。

11.4 执行效率

11.4.1 执行效率度量：从发起提交到提交完成的时间

与代码改动提交时的情况类似，如果把通过代码评审作为特性分支提交的质量门禁条件之一的话，那么从发起提交到提交完成的时间就会比较长。为此，要尽量减少与代码评审相关的耗时。

当然，与代码改动提交时的情况相比，特性提交时的情况要好一些。这一是因为特性提交之间不像代码改动提交之间有那么多的依赖；二是因为特性提交要比代码改动提交显眼，其进展容易被督促和推动。

我们在第 22 章中讲代码评审时将详细讨论如何加速，比如不一定要等到特性开发完成后再一股脑地评审。

11.4.2　自动执行：合并请求

正如前面所介绍的，合并请求的基础功能是在线代码评审：展现改动、记录评论等。基于代码评审，它又增加了一些流程自动化能力—它可以在通过评审后，点击按钮把特性分支的改动合入集成分支，当然，这是在没有冲突的情况下进行的；它能够调用其他工具，发起某些测试活动，并侦听其执行结果，只有当这些外部测试都通过后，才认为合并请求通过。

要想做得更好的话，还可以：

- 在发起合并请求后，等其他外部测试都通过后，再通知评审人员进行评审。
- 在评审页面，简要地显示外部测试的状态和结果，并可以查看详情。
- 发起某些测试活动并侦听，也可以改为只侦听待评审内容所在的分支上最后一次代码改动提交自动触发的测试。

合并请求通常与流水线联用：合并请求（或者这之前的代码改动提交）触发流水线，交由流水线负责组织运行若干个活动，合并请求侦听流水线的执行结果，而不是直接触发和侦听一个或若干个活动。

有的工具还可以实现这样的效果：如果流水线的执行是由创建合并请求触发的，那么流水线上的构建等活动，不是基于特性分支末端的版本进行的，而是基于所谓的预合并版本进行的。预合并版本是指"假装"把特性分支末端合入集成分支后，集成分支末端的版本。基于这个版本进行构建和测试，可以更有效地发现问题，以减少流入集成环节的问题。这个内容就有点高级了。

11.4.3　工具辅助记录和展现：特性内容说明

我们是在版本控制工具中的代码改动提交说明（Commit Message）中记录代码改动提交这个尺度下的改动说明的。那么特性这个尺度下的改动说明记录在哪里呢？

通常使用版本控制工具中的特性分支来承载特性，但是在版本控制工具中分支通常没有额外写说明的地方，只能用特性分支的名称很简短地描述对应的特性。而在特性分支上开发完成后发起的合并请求是可以有说明的，在这里多写点儿。

还有一个省力气的方法，就是把特性关联到工作项，于是工作项的内容说明就成为特性对应的代码改动内容的说明（部分）。下面我们详细讲解。

11.4.4　工具间集成：特性的代码改动与工作项之间的关联

创建特性分支，应该在定位到特性对应的工作项后进行，而不是直接使用版本控制工具创建。在工作项页面上，不论是Web页面还是IDE的页面，通过点击按钮就可以创建相应的特性分支，于是自动建立了特性分支与工作项之间的关联。典型的，如与用户故事或线上缺陷之间的关联[1]。

然而，只靠特性分支来维系代码改动与工作项之间的关联是不牢靠的。因为将来特性分支在合入集成发布分支后可能会被删除，于是线索就没了。

而特性分支对应的合并请求则"永远"不会被删除，并且合并请求记录了特性分支上所有的代码改动，以及对应的代码改动提交列表。所以在创建合并请求时，工具应当根据特性分支与工作项之间的关联关系，自动建立合并请求与工作项之间的关联关系，最好是还能手工添补调整。于是，从合并请求中总是能点击链接前往工作项页面查看；反之，从工作项页面总是可以点击链接前往合并请求中查看。

甚至可以在发起合并请求和/或在特性分支合入集成发布分支时自动改变工作项的状态。

11.5　问题处理效率

11.5.1　问题处理效率度量

在特性改动提交这个阶段，对问题处理效率的关注重点是当代码评审发现问题时，代码评审人与开发者之间的交互。先记录下评审意见，开发者看到意见再处理，意见不一致再回复，来来回回，可能几天时间就过去了。这块内容，我们将在第 22 章中进行详细讲解。

1　也有开发团队会在工作项管理工具中将一个特性进一步拆分为多个工作任务，如开发任务、测试任务、数据库表结构修改任务等。此时，特性分支就可能与工作任务对应的工作项相关联，而不是与特性对应的工作项相关联。

11.5.2　适当通知

与特性改动提交这个阶段相关的通知策略包括：

- 如果代码评审人发表了意见，或者评审通过后需要开发者把特性分支上的改动合入集成分支，或者评审通过后需要自动合入集成分支，那么就要通知开发者去进一步处理。
- 如果新建了合并请求，或者在收到评审意见后开发者提交了修改，或者开发者提交了反馈意见，那么就要通知代码评审人去处理。
- 如果希望先执行流水线，执行成功了再让代码评审人审查，那么就改成只有当新建合并请求或开发者有新的提交，且对应版本已经成功执行完流水线时，才通知代码评审人去处理。

11.5.3　便捷回退：特性摘除

即便我们在将特性分支合入集成分支之前做了不少质量验证工作，也仍然有可能在合入之后发现该特性分支有严重的质量问题。怎么样算严重的质量问题呢？比如构建、单元测试、部署、自动冒烟测试之类的活动报错，或者自动代码扫描发现严重隐患，或者人工测试时发现的问题比较大、比较多，这些都算严重的质量问题。如果有严重的质量问题，并且看起来一时半会儿修复不好，那么为了不影响其他特性的集成、测试和发布，此时最好把这个特性立刻从集成分支中摘除，而不要花费时间去修复它。

不仅出现质量问题时可能造成这种情况，有时业务发生变化也要求推迟甚至取消某些特性的发布。即使此时该特性已经被提交到集成分支，也要想办法把它从集成分支中摘除，不然会拖累其他特性，导致它们也要推迟发布。

如果有特性开关可以用来隔离特性，那么此时只需要简单地拨动开关即可。如果可以通过屏蔽新特性菜单项来隔离特性，那么此时只需要去掉相应的菜单项即可。当然，这不能覆盖所有的情况。更通用的做法是把在特性分支上改动的内容从集成分支上摘除。这样做并不是很难，更多细节将在第 14 章中讨论。

有不少开发团队都宣称很少需要进行特性摘除，究其原因，通常是因为他们认为或者潜意识里认为摘除是一件很麻烦、很痛苦的事情，所以在流程设计上，在产品、开发、测试等角色的协作方式上，在理念和文化上，就已经尽可能地避免进行特性摘除，宁可疯狂熬夜加班修复问题或者推迟发布，甚至在时间规划上，总是固定留出一大块时间余量来应对可能出现的未知情况。实际上，这些都是不进行特性摘除的代价。

特性摘除在技术实现上往往并不难，只是他们还不知道或者不习惯。

此外，在特性摘除后应该自动更新相应工作项的状态，因为这个特性已经不再处于集成中的状态了。

第 12 章

集成

12.1　导论

12.1.1　考查范围

集成是这样的一个过程：各个特性对应的代码改动不断地汇合到一起，其间对不断汇合的结果进行持续的测试，以保证它们可以一起工作。

12.1.2　关注重点

集成的关注重点当然就是持续集成——集成分支持续地接收代码改动的提交，并持续地进行质量验证，尽快修复发现的问题，以保证集成分支总是具有较高的质量。

12.2　执行时机

12.2.1　包含改动的颗粒度：持续接收特性改动提交

观察一段时间内集成分支每天收到的特性改动提交的数量，了解特性改动提交的频率。如果集成分支时不时地收到一些特性改动的提交，有时多些，有时少些，那挺好；如果平常提交很少，隔上几周就会有一个明显的集中的提交高峰，那就不太好了；如果隔上几个月有一个明显的集中的提交高峰，那就更不好了。如果反映在精益看板墙上，那就是有大量的卡片从上一个阶段涌入下一个阶段，把下一个阶段的在制品数量撑到爆。

12.2.2　包含改动的颗粒度：特性合入触发的测试

经典的持续集成方式是开发人员随时向集成分支提交代码改动，而每次提交的代码改动都会触发构建和一系列轻量级的自动化测试。典型的，如代码扫描、单元测试、自动化冒烟测试。而耗时更长一些的自动化测试，则考虑定时运行一遍，比如每天夜里运行一遍。

当我们采用了特性分支这种方式后，向集成分支直接提交代码改动就变成了把特性分支合入集成分支。这是第一处要说明的地方。

第二处要说明的地方是，如果使用合并请求来管理特性改动的提交，并且合并请求的质量门禁包括对各种自动化测试的要求，甚至这些测试是基于预合入版本的（详见 10.4.1 节），那么在特性分支合入集成分支触发的一系列测试中，那些已经在合并请求时做过的测试，再做的意义就没有那么大了。当然，做了也挺好，反正很快就做完了，而且不用人盯在那里等。

有时此时做构建、代码扫描、单元测试等，是另有其他目的的。比如做构建的目的是为了制品复用和晋级；做代码扫描、单元测试，是为了获得集成分支上的代码质量统计数据和测试覆盖率等数据。其实这些在复用合并请求时有可能都做了，不必重新再做一遍。因为是细节内容，这里就不做细致分析了。

第三处要说明的地方是，不要忘了自动化冒烟测试，它是有价值的，可以保证软件能基本运行起来。做冒烟测试需要先部署测试环境，如果这个测试环境不仅供自动化冒烟测试使用，还供其他测试如针对新特性的人工 UI 测试使用，那么就要注意部署时不要干扰到其他测试。部署时有两种情况会干扰到其他测试：一是部署升级到新的版本时，可能会停止服务。为避免出现这种情况，每个微服务都至少有两个运行实例，滚动部署，不停止服务。二是理论上每次测试都应该基于一个固定的版本，不应该在测试的过程中被测对象的版本升级了。这一点在实践中一般没那么大影响，因为测试时不同特性分别有各自关注的地方，所以即便赶巧在测试的过程中被升级到了新版本，引入了新特性，问题也不大。

第四处要说明的地方是，传统上适合定时做的回归性质的自动化测试，在微服务时代有可能改到集成分支收到特性改动的提交时做了。关键是看这种自动化测试要持续多久——如果将一个微服务上的所有接口都做一遍自动化测试不过才 5 分钟，那么就立刻都做一遍也无妨。不用再等到晚上做了，到晚上说不定也就只有这一个新提交的特性。

12.2.3　包含改动的颗粒度：针对新特性的测试

测试人员发起的针对新特性的测试应该尽量在特性分支上完成。当然，有可能受条件所限，还是得在集成分支上完成。即便如此，短期内也仍然有改进的空间——如果当前是在迭代快结束时凑齐这一批特性的，那么试试能不能改成只要有新特性改动提交同时又有测试资源，就随时可以进行测试。这样每次测试可能就只包括少数几个新特性，甚至就一个新特性。

针对新特性的自动化测试，不仅是在验证实现新特性的代码的质量，也是在验证相应的测试脚本的质量。可以等新特性的自动化测试都通过了，再把这些脚本加入全量回归测试的脚本集合中。

注意，这里并没有说这些自动化测试脚本必须由测试人员编写和执行。事实上，由开发人员编写和执行可能更好。我们在自动化接口测试、自动化 UI 测试等章节中将详细讨论这个话题。

除了针对新特性的自动化测试，还有针对新特性的人工测试。这通常是基于新特性的影响范围分析，编写和挑选测试用例来执行的。对测试用例的编写和挑选的工作可以提前进行，不用等到特性分支合入集成分支后再做。

12.2.4 流程顺序和卡点：制品晋级

集成、测试、发布的过程是一个质量逐步提升的过程。典型的，如在集成发布分支上，首先对安装包或者容器镜像做单元测试和制品扫描，然后进行自动化的冒烟测试和回归测试，接下来是针对新增特性的测试，还有用户验收测试和一些非功能的测试。在这些测试过程中，如果发现问题，则应及时进行修复。最后是通过灰度环境上的验证，这时候才可以正式发布到线上，让所有用户看见。

而我们换一个视角看的话，也可以看成是软件的一个特定版本在不断闯关，闯被称为质量门禁的关卡。版本每闯过一关，就说明它的质量经过了更进一步的验证，更可信。而版本还是那个版本，其内容并没有发生变化。我们对此表达为，每成功闯过一关，这个版本就晋升到一个新的质量级别，直到达到可以发布的状态。当然，还有大量的版本在某个关卡没有闯关成功，没能晋级，倒在了通向发布的路上。

那么，整个过程是怎么通过工具来承载的呢？不同的阶段，是怎么通过工具串接在一起的呢？这里有两个基本思路：一是不同阶段的流水线（或其他流程自动化平台，下同）靠彼此触发而串接起来，前一个阶段成功完成后，后一个阶段就可以开始；二是不同阶段的流水线靠版本的晋级串接起来。

第一个思路不言自明。第二个思路这里解释一下：通过了前一个阶段，版本就自动晋级；而下一个阶段开始选择版本时，只能看到那些已经晋级的版本，且默认选择其中最新的版本。甚至可做成自动化触发：下一个阶段的自动化流程侦听特定级别的版本，当发现这个级别有新的版本时，就自动启动接下来的自动化流程。

这两个思路的区别是，第一个思路是因为前序的成功执行，直接触发了后序的执行。落实在流水线的配置上，就是配置"我能触发谁"或者"谁能触发我"。第二个思路是因为前序的成功执行，使得版本晋级，这触发了后序的执行，或者使得后序可以在需要时随时获得该版本执行。落实在流水线的配置上，就是"我成功晋升到哪个级别，我侦听哪个级别的版本"。

这两个思路各有优缺点。第一个思路的优点是直接，但是当遇到不想立刻启动下一个阶段，以及遇到可能要触发多条流水线，或者可能被多条流水线触发的情况时，配置和实现比较麻烦。第二个思路的优点是能应对各种复杂情况，因为它直指本质，但是它实现起来要麻烦一些。

有时会联用这两个思路：虽然从流程自动化的角度来讲，连接和触发是靠第一个思路，但是从信息记录和展现的角度来讲，使用第二个思路可以清晰地记录和展现版本这个视角的情况——当前可供测试的版本是哪个、要发布的版本是哪个，等等。

最后讲一讲第二个思路为什么不叫版本晋级，而是叫制品晋级。同一个源代码版本，在各个阶段部署用的安装包或者容器镜像应该是一样的，应该只构建一次，然后存入制品库，随后的测试就总是直接获得制品，这样既不容易出错，又快。所以说不是源代码的版本在晋级，而是安装包或者容器镜像的版本在晋级，也就是制品晋级。

12.2.5　管理并发：适当交叠

这里所说的交叠，是指同一个软件同时有多个正在开发的计划发布的版本，不同版本的开发—集成—测试—发布流程在一定程度上并行。前一个版本还没有发布，后一个版本已经在开发甚至在集成和测试了。

适当的交叠是合理的，避免窝工 [1]。举一个典型的窝工的例子：某项目是四周迭代一次，迭代结束后发布上线。其中第一周和第二周主要是开发人员分析、设计、开发、自测各个特性并合入集成发布分支，测试人员分析、设计、编写测试用例和测试脚本；第三周和第四周是测试人员在集成发布分支上做多轮测试，开发人员修复发现的问题。这里粗看安排得很好，但实际情况是，前两周测试人员工作不饱和，分析、设计、编写测试用例和测试脚本不需要那么多时间；而后两周开发人员工作不饱和，没那么多问题要修复。

既然后两周开发人员工作不饱和，那么能不能别等一次迭代结束就开始下一次迭代，让开发人员把富余的精力投入到下一次迭代的开发中呢？可以！不仅不窝工了，而且在下一次迭代中要发布的特性还可以被早点开发出来，最终早点发布出去。

上面这个场景的特点是，同时存在着不止一个"生长"进程，它们之间是并行的。当然，如果考查它们的生命周期，就会发现它们在时间上并不是完全重合的，而是部分重合，"一波未

1　"窝工"是建设工程管理中的一个词，指因计划或调配不好，工作人员没事可做或不能发挥作用。

平，一波又起"。就像房顶上的瓦片互相搭着，但不是完全覆盖，一片片交叠在一起。

当交叠"严重"到不同的集成—测试—发布过程实例同时存在时，不同的过程实例之间就需要隔离，否则会相互影响。一般来说，不同的集成—测试—发布过程实例会采用不同的集成发布分支，以此来彼此隔离。具体方法等我们讲到源代码版本控制时再详细讨论（见第 14 章）。

适当交叠有益，过分交叠有害。交叠是有成本的，共存的开发—集成—测试—发布过程实例之间需要同步：先发布的版本中的改动内容要同步到后发布的版本中，因为后发布的版本会覆盖先发布的内容。如果有 N 个版本在并行开发，那么同步起来肯定麻烦。

那么，如何避免过多的交叠呢？基于上一个版本开始下一个版本的开发和集成，越是晚点开始，要同步的内容就越少，遇到的合并冲突等问题也就越少。如果上一个版本的主要改动已经完成，剩下的是一些修修补补，此时再拉出下一个版本，那么要同步的内容就很少了。在特性改动提交前进行充分测试可以推迟对集成发布分支的需求，需要集成发布分支的时间短了，于是需要多个集成发布分支并存的情况也就没那么严重了。此外，不论是在特性改动提交前还是提交后进行充分测试，只要能减少所有特性都提交后一起测试和修复问题的时间，也就减少了开发人员可能窝工的情况，于是就从源头上削减了交叠的必要性，减少了交叠。

最后，交叠其实不止上文介绍的这一种情况。"传统"软件经常要同时开发和维护不止一个版本序列。比如，在发布 2.X 版本序列的同时，还在维护 1.X 这个版本序列。这样做的原因有很多：有些用户不想掏钱升级到 2.X 版本序列，有些用户不想学习 2.X 版本序列的使用，有些用户嫌 2.X 版本序列刚出来不稳定，有些用户因为兼容性问题不想费劲升级到 2.X 版本序列……所以 1.X 版本序列还需要维持一段时间，修复时不时发现的缺陷，也说不定加上一些小的改进。此时 2.X 版本序列和 1.X 版本序列也就构成了交叠关系。

12.2.6 管理并发：管理变体

变体是英文Variant的中文意思[1]。变体在这里是指不同版本之间有很多相同的地方，但也各有不同。同时，这些版本之间并不（完全）是谁是谁的后代、谁继承了谁的所有特性这样的关系。

典型的，如同一个软件在不同操作系统（比如 Android 和 iOS）、不同浏览器、不同云上的版本，彼此之间是变体的关系；同一个软件的不同语言的版本，彼此之间也是变体的关系。这些变体还相对好处理，更令人头痛的变体场景是为不同客户、不同工程项目做的定制版。之所

1　Variant 是演变、变种、变形之意。比如臭氧是氧的同素异形体，已经灭绝的斑驴是斑马的亚种，这类情况在英文中都可以用 Variant 表达。

以需要定制版，是因为不同客户、不同工程项目想要的功能有细微差别，比如要集成的其他软件或硬件是不同牌子、不同型号的。

开发和维护变体的第一要义是，尽可能不要在同一个模块中使用不同的源代码分支来承载不同的变体。如果避免不了，那么就尽可能在主干上开发不止一个变体用得着的公共功能，或者把这类公共功能及时挑选出来合并回主干，以尽可能复用公共代码，防止重复开发。而变体分支则尽可能从主干上拉出，它要尽可能短。相反，如果经常基于已有的变体开发新的变体，从变体分支上再拉出变体分支，随着时间的流逝，开枝散叶，变成一棵枝繁叶茂的树，那么就会有越来越多的代码改动在不同的变体分支之间合并来合并去，或者相同或相似的功能在不同的变体分支上被不断重复开发。这本质上也是一种技术债，影响了软件的继续演进。

不推荐使用分支来承载不同的变体，那么应该如何实现变体呢？方法不少，比如：

- 使用不同的配置和设置来实现不同的功能，而不是修改源代码。比如通过导入不同的语言包来支持多种语言。就拿 Jenkins 来说，在 Jenkins 上配置不同的流水线，而不是把流水线的配置写到 Jenkins 源代码中。
- 使用不同的插件来扩展平台的功能。仍以 Jenkins 为例，它支持多种类型的插件，对不同的扩展点进行扩展。
- 系统分层、分模块。不同层、不同模块通过 API 等方式协作。有些层、有些模块是主体、是核心，不断演进；有些层、有些模块随着工程项目的不同而不同，单独开发。

这些方法的核心思想是分离变与不变的部分，分别管理。这是软件架构领域的话题，这里就不详细展开介绍了。此外，还需要用正确的组织架构来促进和保障正确的软件架构的落地（还记得康威定律吗？）。

12.3　执行效率

12.3.1　自动执行：部署流水线

在第 10 章中我们介绍了特性改动累积这个阶段所需的基础的流水线功能，并把这样的流水线称为构建流水线。而在从集成到发布这个过程中，我们需要流水线具备更多的功能。准确地说，我们需要支持集成、测试、发布流程的自动化平台具备比构建流水线更多的功能。我们希望能够把集成、测试、发布流程的全过程用流程自动化工具串接起来，按照规则自动向前推进，并向所有相关人员展示进展，而不能靠人记着、靠人吼、靠人发电子邮件、靠人复制和粘贴。

我们姑且把这样的流水线称为部署流水线，期待部署流水线比构建流水线具备更多的功能。

- 在整个流程中，尽管流程应该是自动化的，但其中某个具体活动可能是人工进行的。典型的，如人工进行的功能测试，以及一些人工审批环节，这些人工执行的活动也应该被流程自动化工具串接起来。

- 并不总是前序活动执行完成后，就自动开始执行后序活动，比如并不总是产品测试完成后就立刻发布上线。因此需要工具支持这样的设置：后序活动由人工触发执行。

- 流程中的活动并不总是需要流水线提供的构建环境。比如构建、单元测试、代码扫描等当然需要构建环境，而部署就不需要了，部署之后的测试也不需要了。这些不需要流水线提供的构建环境的活动，也应当接入流水线，并且不应当为此浪费构建环境资源。

- 流程中的不同阶段以不同频率运行。比如每当特性分支合入或代码改动提交时就会触发的各个活动构成了第一个阶段；测试人员有空就进行的针对刚合入的一两个新特性的若干测试构成了第二个阶段；所有版本要发布的新特性都合入后进行的一系列测试构成了第三个阶段。流程中以不同频率运行的不同阶段都应该体现在流水线上，并且这些阶段之间应该有适当的连接，体现为一条流水线内的不同阶段的连接或流水线之间的连接（详见 12.2.4 节）。

- 某些活动不一定是每次迭代、每个计划发布的版本都需要执行的，比如性能测试、安全测试等非功能测试。这些活动也应该被流程自动化平台管理起来，以保证该执行的时候会被执行，无须执行的时候能跳过。

- 有些活动的失败不一定是源代码的原因，而可能是测试环境、测试数据的原因，等等。因此，应该可以灵活地重试某个活动的步骤，而不是必须从下载代码并构建开始再执行一次流水线。

- 除了关心要执行的步骤，流程的参与者也会关心本次改动的内容——计划/实际上把哪些特性送去测试/发布（这部分内容我们将在 12.3.2 节中详述）。

当前市面上的流水线工具，包括开源的和商业的，通常无法满足企业具体项目对流程自动化的全部需求，于是有些企业会再想些其他方法，比如开发一些插件来实现，或者把市面上的流水线工具再封装一层，在增强功能的同时隐藏没必要的灵活性、多样性，或者干脆从头设计一个流水线工具。

12.3.2　工具间集成：版本的特性列表

回顾一下，当代码改动发生后，代码改动提交的实际内容的说明被写在了代码改动提交说明中，它可以关联到代码改动前创建的工作项，那里描述了代码改动的目的和计划。当特性开发完成后，特性改动提交的实际内容的说明被写在了合并请求的名称和说明中，而在特性开发前，可以用特性分支名称简单地表达该特性想做什么——它通常包含工作项 ID，在工作项那里详细描述了这个特性的目的和计划。

同样的道理，对于集成、测试、发布过程，我们关心在产生某一个集成送测的版本或对外发布的版本后，它实际包含了哪些内容的改动，以及在产生这个版本前，它的目标是包含哪些内容的改动。那么，它具体怎么体现呢？其主要体现为一个已存在的特定版本实际包含了哪些特性，这是一个工作项列表，以及一个计划中的测试或发布版本要包含哪些特性，这也是一个工作项列表。

典型的，在迭代初期制订计划，本次迭代要完成并发布哪些特性，于是产生了本次迭代的目标发布版本的计划发布特性列表。在具体操作上，可以在每个工作项中进行设置，标记属于这次迭代，也就是将这个目标发布版本发布上线。但更好的页面操作方法是，把这些工作项拖曳进这次迭代中。当我们建立起版本计划与工作项之间的关联关系后，就应当可以方便地从流程自动化平台（比如流水线）看到相应的目标工作项列表。

然而，这样的计划并不是必需的，可以很"佛系"，有的可发布时就发布，有的可测试时就测试，随到随做，无须提前很久做一个正式的计划。事实上，我们更鼓励这样的随机应变的方式。

与计划的特性列表相对应的是实际的特性列表。每当将一个特性分支合入集成发布分支后，就自然产生了一个新版本，这个新版本就对应一个特性列表，该列表中包含了自上次发布以来所有合入的新特性。当我们把一个版本送去测试时，这个版本的特性列表能告诉测试人员要测试哪些新特性；当我们把一个版本送去做发布前的审批时，这个版本对应的特性列表能告诉审批人员本版本要发布什么；当我们把一个版本发布上线后，遇到一些问题要追查时，这个版本对应的特性列表或许能够提供一些线索。既然流水线把整个集成、测试、发布流程串接起来，那么在流水线上就应该能看到各个版本以及对应的特性列表。

上文所说的"版本"，首先是指某一个微服务的版本。而当一组微服务一起制订迭代计划，一起集成、测试、发布时，版本则是指这一组微服务构成的整体——比如一个产品或一个子系统所对应的版本。在这个层面上也有对应的特性列表，甚至有时它是我们更关心的。

版本所对应的特性列表应该是被自动维护的。当进行了将特性分支合入集成发布分支的操作后，就应当自动记录下来新版本对应的特性列表。

12.3.3　工具间集成：特性状态信息

流水线承载着集成、测试、发布流程，而工作项承载着特性的内容、状态等相关信息。上面介绍的是查看流水线上的版本所（期望）对应的内容，即特性列表。相反，在工作项上能查看特性当前的情况，包括在集成发布过程中相关的信息，这些信息应该也被自动维护和更新。

如果我们明确地制订了某次迭代、某次发布要包含哪些特性的计划，那么在被包含的特性对应的工作项上，甚至可以点击前往相应的迭代/版本/流水线。

当某个特性随着版本被测试或被发布后，在该特性对应的工作项上，应该能够查看到它是随着哪个版本被测试或被发布的，甚至可以点击前往相应的迭代/版本/流水线。

除了这些所属版本的信息，还应该能从工作项中查看到这个特性在整个开发、集成、测试、发布流程中当前的进展状态，如开发中、合并请求审核中、已合入集成发布分支、正在测试、发现缺陷待修复、已经发布等，相应的历史也应当被自动记录。

12.3.4　工具间集成：自动维护说明文档

代码改动提交的内容说明、特性分支提交请求的说明、版本的特性列表等，这些都是关于改动的内容的说明。除此之外，还需要另一类说明，就是程序功能的说明，特别是接口说明。人工维护接口说明文档，不仅要耗费不少精力，而且还容易忘。更好的思路是，将文档和代码写在一起，然后用工具辅助自动提取出来。支持 Swagger 的 Springfox 就是这样的工具，它的使用方法是，用特定的注解格式在源代码中写入接口相关信息，然后可以通过扫描代码生成特定格式的接口描述文件，进而生成阅读起来更友好的接口说明文档。

这样的自动生成工具应该与流水线相集成，让开发者和/或用户始终可以查看到集成发布分支和/或最新发布版本对应的说明文档。

12.3.5　自主完成：各项活动

对于一个特性的各项活动、各种工作，应优先考虑由该特性的开发人员直接完成——而不是由测试人员来完成该特性的单元测试脚本甚至（一部分）自动化接口测试脚本的编写；不是由运维人员来完成将该特性部署到测试环境和生产环境中。

当然，并不是所有的工作都由这个开发人员完成最合理。对于不能由他自行完成的工作，退而求其次，优先考虑由其团队的其他成员、其他角色完成，而不是求助于其他团队。比如代码评审由本团队的其他开发人员完成，一些功能测试由本团队的测试角色完成。做功能测试的测试人员应该就在本团队中，长期固定为这个团队服务，而不是属于另一个测试团队甚至另一个测试部门；否则，每次测试时还要排期、按优先级来，还说不定具体由哪个测试人员来测试。

而对于一些比较专业的测试，比如安全测试、性能测试，则可以考虑由相应的专业团队来完成。从长期来看，应尽量让这些测试自动化，至少让相关工具易于使用，以减少日常工作对专业团队的依赖。

12.3.6 自主完成：工具的配置

对流水线等工具配置和设置的修改，一般不应该由负责该工具的团队完成，而是应当由使用该工具的开发团队自行完成。为什么要由开发团队自行完成呢？因为当工具足够好用时，自行配置能省时间，省下来团队之间沟通、协调、等待的时间。

在一个开发小团队中，可以指定一个人负责流水线等工具的配置，而不是所有人都能修改配置，因为人多容易乱。但这个人不应该是专职的，只能是兼职的——如果他是专职的，则说明工具的配置太麻烦了。

而如果由一名专职的工程师来负责若干个小团队的工具配置工作，虽然会让人怀疑是不是工具有点复杂、难用，但是这总比一个小团队就需要有一名专职人员好。如果有这样一名工程师，那么他的职责最好也包括能促进这几个小团队的软件交付过程的改进。

上面这些原则并不是绝对的。工具的一些公共的与全局性的配置，还是应该由负责该工具的团队完成。对于早期试点项目，负责该工具的团队也应该给予更多的支持。

12.3.7 便捷配置

要想使工具的使用者愿意自行配置，那么就得使工具容易学习和掌握，且配置方便。具体到流水线的配置，下面这些方法有助于提高配置的效率。

- 有模板作为基础，或者可以复制其他流水线作为基础。
- 可以通过图形化用户界面来完成配置。
- 可以为某一类分支或者某一类场景进行一次性配置，而不需要逐个配置。比如在特性分支上代码改动提交触发的流水线，不需要为每一个特性分支都单独配置；拉取请求触发的流水线，不需要为每一个拉取请求都重复配置。
- 做得好的话，可以在同一个微服务的不同流水线上复用某个模块/步骤的配置，甚至在不同的微服务之间复用，而无须重复配置。

12.4 问题处理效率

12.4.1 问题处理效率度量：红灯修复时长

流水线的红灯修复时长是指从流水线报错开始算起到流水线再次成功运行为止的总时间。

流水线的红灯修复时长这个指标在特性分支上不那么重要，但是在集成发布分支上就很重要了，因为它把"大动脉"堵上了。此外，在特性分支上，这是该特性的开发人员自己要负责的"一亩三分地"，他有足够的动力把问题解决掉，但是在集成发布分支上，相对来说，开发人员缺乏动力去修复出现的问题——"反正我已经提交上去了"。如果没有形成良好的共识和习惯，就会导致"三个和尚没水喝"。

这里有一个细节，在这种情况下该怎么算红灯修复时长：夜里 2 点流水线运行失败，通过邮件通知了开发人员；第二天早上 9 点开发人员到岗后，打开电脑开始修复，9 点半流水线再次成功运行。本次红灯修复时长是 7 个半小时吗？不是，这样算的话不太合理。如果是白天的 7 个半小时，那是挺耽误事儿的。而如果是晚上的 7 个半小时，那对大家也没多大影响，反正都在睡觉。

此时最好是只计算在工作时间内未修复时间的长度。例如，如果大家基本上都是 9 点开始上班的，那么就算 9 点到 9 点半的时间，一共是半个小时。如果赶上周末或者国庆节等假期，那么就看随后的第一个工作日。注意这里不是看"法定"工作时间，而是看实际工作时间。如果团队成员的实际工作时间普遍是"996"的话，那么周一至周五的晚 9 点到次日早 9 点这段时间不算，周六晚 9 点到周一早 9 点这段时间不算。

12.4.2　问题处理效率度量：缺陷修复时长

红灯修复时长一般是考查提交触发的流水线中一口气儿全自动执行完的部分出了问题，多久能修好。典型的，如构建、单元测试、代码扫描、部署、冒烟测试，可能还有回归性质的自动化接口测试。而人工的测试活动、持续时间较长的测试活动、不一定每次发布前都要做的测试活动，修复问题的时间一般就不算到红灯修复时长里面了。因为这些测试活动暴露出的问题对集成测试工作，以及对继续开发新特性"危害"不那么大，可以宽容一些，多花点时间来解决也行。

对于通过测试发现的问题，我们通常把它们记为缺陷，录入缺陷跟踪系统。从度量的角度来讲，重点是看每个缺陷的修复时长。我们也可以进一步关注开发人员说修复了缺陷而实际并没有修复的情况多不多，以及对相同的内容需要测几轮、一共要多长时间，等等。

12.4.3　及时发现

在集成测试中要想及时发现问题，就要尽早集成、尽早测试。这个道理已经反复讲过了。这里补充一个细节，考虑把夜里定时运行的流水线改到白天运行，以避免出问题要等很久才能修复，而且还能让问题在白天就暴露出来，早点修复。

12.4.4　适当通知

我们前面讲过，当某个步骤或活动执行完成后，接下来需要某人继续做点什么的时候，要精准通知到这个人，没必要广播，也没必要设置一个特定的岗位当"二传手"。

具体到集成测试过程中：

- 如果出现问题时能自动推断出相应代码改动的人员或者怀疑对象，则可以直接通知他（们）。比如，在特性分支合入或者直接代码改动提交触发的集成发布分支上的流水线自动执行若干自动化测试的过程中，如果出现问题，就会自动直接通知本次执行和上次执行期间的所有代码改动人，因为肯定是他们中的（至少）一人惹的祸。那这样做会不会打扰太多的人呢？不会，因为通常也就一两个人。比如在某个特性分支上有两个人进行了代码改动，将该特性分支合入集成分支触发的流水线运行失败，就可以通知这两个人。虽然其中有一个人可能与此事无关，但这点儿冗余无伤大雅。
- 如果某项活动是人工点击按钮触发的，那么不论这个活动是否在流水线上，也不论它执行成功还是失败，都应该通知发起者。因为人工触发通常意味着不仅失败了要处理，而且成功了也会有相应后续的工作要做。比如等着某个角色或者某个人点击按钮，那么就要通知他可以进行操作了。
- 如果是人工或自动创建引入了缺陷，那么当然要自动通知负责修复缺陷或负责记录缺陷并进行进一步处理的人员。
- 对于特别大的单体应用或耦合紧密的大型系统，其集成会比小型系统或松耦合系统困难得多，此时就可以考虑酌情设置专门人员跟进集成问题的修复，任何与集成问题相关的信息也都自动通知到他。

12.4.5　及时处理

在集成测试过程中发现的问题，包括流水线自动运行出现的问题，也包括人工测试发现的问题，都需要及时处理。其中在构建、单元测试、代码扫描、部署、冒烟测试等活动中发现的问题，定位和修复起来相对不难，但不及时修复的话影响会比较大，因此要及时处理。

在将所发现的问题通知到合适的人之后，要想使问题得到及时处理，首先需要他们迅速行动起来，把处理该问题当作相对高优先级的事情来办。为此，可以通过团队内部的学习和讨论，让大家充分了解集成问题快速修复的重要性，在这方面达成共识。然后还要确保大家确实是按照所达成的共识去做了——可以考虑每隔一段时间就晒一晒不同开发人员修复集成问题的时长并进行相关的讨论，比如一般在多长时间内修复问题就可以，个别修复时间很长的案例具体是什么原因造成的，有什么好办法可以缩短修复时间，等等。

此外，还有一个细节：下班了，每个人最好都等到包含自己提交的改动的流水线运行成功后再走，避免出问题了要等很久才能修复。

12.4.6　快速定位

对于在集成测试过程中发现的问题，如何找到问题原因，定位到具体代码行，各类调试工具都能帮上大忙。这部分内容在动态测试相关章节中分别进行介绍。

12.5　避免引入问题

权限

整个集成、测试、发布的过程进展到哪里了，本轮测试、本次发布包含哪些特性，等等，这些信息要让所有相关人员都能方便地看到。这需要流水线等流程自动化平台，以及看板墙等工作项和项目管理的展现方式，对所有相关人员可见。

这种可见性最好是不需要复杂的配置：只要是团队成员，就自然而然地能够看到，甚至可以在企业内网公开，任何人都能看到。

以上是读权限。操作和配置的权限也要适当放开，当然，拥有操作权限的人一般比拥有读权限的人少，拥有配置权限的人就更少了。而管理员权限的账号更是要严格管控。

每个人都应该使用自己的账号而不是公共账号，这样有利于权限管控，而且可以留下记录。类似地，比如当工具 A 调用工具 B 时，应当使用工具 A 特有的账号，而不要使用公共账号。同时，工具 A 自身应做好权限相关逻辑，防止工具 A 的使用者获取超越其权限的能力。

第 13 章

发布

13.1 导论

13.1.1 考查范围

本章所说的发布一般是这样的过程：在本次打算发布的所有特性都已经被集成在一起之后，首先通过进一步的各种测试，让软件质量达到可发布上线的水平，然后将软件部署到生产环境中，并让用户看到这些新特性。也许需要先部署到灰度环境中或者进行 A/B 测试，让小范围的用户用起来看看，如果没问题再把范围扩大到所有用户，让所有用户都可以看到、用到这些新特性，这样就完成了发布。

13.1.2 关注重点

核心是要关注速度：从一个特性的视角来看，当将它合入集成分支之后，要经过多久才能让小范围的用户看到，又要经过多久才可以让所有用户看到。

为此，要捋清集成发布的全过程包括哪些活动，然后以最近发布上线的某个特性为例，解剖"麻雀"，逐阶段、逐活动地分析它走完整个流程的轨迹和耗时。

我们既要看正在被处理、被测试的时间，也要看各种等待所花费的时间。事实上，在一个特性从合入集成分支到部署上线的过程中，其实它绝大部分时间都不是处于被处理、被测试中，而是处于停滞和等待中。这包括前一个活动结束后等待下一个活动开始，比如等着凑齐一批特性后一起送去测试；也包括一个活动内部的排队等待，比如测试人员向测试环境中部署了一个版本后，要一个挨一个地测试各个特性。减少整个过程中的停滞和等待的时间，是一件特别重要的事情。为减少停滞和等待的时间，通常考虑减少每批次执行所包含的改动量，以及提供足够的资源和设置优先级。

我们既要看 happy path 也就是一次性执行通过的情况，也要看在测试过程中发现了问题，进行修复，进而再次验证，甚至多轮测试的情况。返工会消耗更多的时间，包括更多的等待时间。那么，能不能修复得更快？能不能一次改对，以减少测试的轮数？各种测试手段能否搭配得更合理？

在从集成到发布的这个过程中，核心是要关注速度。当然，我们同样需要关注发布的质量，要让发布达到特定业务所需的质量。如果经常因为发布而引起故障，如果用户抛弃本产品转而使用竞品的理由是因为发布的质量太差，那么就要重点看看应加强哪种测试手段，或者想些其他办法来提高发布的质量。

13.2　执行时机

13.2.1　包含改动的颗粒度：发布的颗粒度

每次发布包含多少特性合适？粗略地说，每次发布包含的特性越少越好。因为包含的特性越少，每个特性在开发完成后平均等待发布的时间就越短。

和动辄以几个月为周期的瀑布模型相比，现在常见的版本火车方式已经好了很多。版本火车方式是指以固定周期，比如每两周进行一次版本发布。一个特性，如果能赶上"这班火车"，那么就本次发布；如果赶不上，就下一次再说。

版本火车方式虽然很不错，但是仍然有优化的空间。为什么非要以固定周期，能不能更灵活？每次发布所包含的特性能不能更少？少到极致，就是每个特性都单独测试、单独进行发布，根本不用等待其他特性一起发布。

当各个特性基本都单独发布时，集成发布分支存在的意义就不大了，可以在特性分支上完成该特性的所有测试并最终发布。偶尔有比较细碎的特性，比如一些线上缺陷修复的特性不想单独发布的，则可以合并到要发布的特性分支，搭车发布。

当然，将每个特性都独立进行发布，这并不容易做到。常见的一个原因是，如果全量回归测试没有充分自动化，那么每次测试成本都会比较高。还不如凑一批，对若干个特性一起做测试，于是发布时也一起发布。

在现实条件下，发布的颗粒度能多细就多细。同时不断改善现实条件，争取让发布的颗粒度更细，越接近每个特性都单独发布越好。

13.2.2　包含改动的颗粒度：发布前的测试

在集成发布分支上，每当收到新的代码改动时，都要进行基本的自动化测试。此外，针对新特性的测试应该随时做，而不是凑在一起等到快发布时再做。相关内容第 12 章中已经讨论过。

如果项目需要人工做全量回归测试，那么大概是在发布前等新特性都完成后再统一做，没法为每一个新特性都单独做一遍，因为它太费工了。不过你知道吗？现在越来越多的项目已经不再需要人工做全量回归测试了。这是怎么做到的呢？这通常要综合运用如下三种手段：

- 测试左移——加强单元测试等，提前把控好质量。
- 测试右移——灰度发布，在灰度发布前对质量的要求降低了。
- 自动化——比如执行全量的且几乎端到端的自动化接口测试。

除了开发人员和测试人员做的测试，还有用户验收测试（User Acceptance Test，UAT）。除了人工进行的全量的功能性回归测试，可能还要做一些非功能性测试，比如性能测试、安全测试等，它们也是在发布前集中做的。请试着分析一下，能不能把它们提前，或者推后，或者自动化。

13.2.3　包含改动的颗粒度：生产环境的测试

灰度发布意味着先将产品发布给少数真实的用户使用，看看系统是不是能正常运行，和/或看看用户的反馈，有没有出现严重的缺陷。如果都没问题了，再发布给所有用户使用。

A/B 测试则主要用来测试用户是不是感兴趣、效果是不是更好。比如有少数用户看 A 方案，另有少数用户看 B 方案，如果 A 方案能有更好的效果，那么将来就把 A 方案发布给所有用户使用；如果 B 方案能有更好的效果，那么将来就把 B 方案发布给所有用户使用。至于如何有更好的效果，那是产品经理要做的事情。

灰度发布、A/B 测试都是在生产环境中进行的某种测试。此外，还有混沌工程等在生产环境中进行的测试，我们将在第 30 章中进行详细讲解。

13.2.4　减少等待：发布时间窗口

大多数等待是因为想凑齐一批特性再去测试、发布，有时还有资源不足的因素存在。而发布时间窗口限制造成的等待则是另一种情况，本节我们来详细介绍一下。

有时规定发布时间窗口为只有特定的日期可以发布，比如每周二和周四可以发布，有运维人员支持；其他时间运维人员要忙别的，支持不了。也有时规定特定的日期不可以发布，比如每周五不可以发布，因为快到周末了，怕周末出了问题喊不来人。在特定日期可以或者不可以发布，这两者本质上是等价的。

有时规定发布时间窗口为只有特定的时间段可以发布，比如必须等到半夜再发布，因为午夜时分用户数相对较少、系统负荷小，不容易出问题，即使出了问题影响面也小。也有时规定特定的时间段不可以发布，比如夜里不能发布，因为怕夜里出了问题喊不来人。在特定时间段可以或者不可以发布，这两者本质上也是等价的。

要尽量避免对发布时间窗口的限定，因为它带来的等待，增加了特性从开发完毕到用户能够使用上的时间。此外，在半夜或者周末发布，还会影响员工的休息。

那么如何避免呢？关键是消除设置发布时间窗口的原因。如果是因为团队外部人员如运维人员不能随时提供支持，那么就尽量摆脱对特定角色如运维人员的依赖，做好发布部署工具的自动化和自助化，让发布变成开发团队中的任何人员在工具平台上点击按钮就能完成的事情。而当遇到意外时，还要做到基本能够通过监控等手段自主发现，然后在工具平台上操作，自主处理。

如果是因为担心用户多时发布风险大，那么就采用灰度发布、滚动发布等发布策略来降低发布风险。

而如果设置发布时间窗口是因为发布时要停止服务，那么可以在每晚不提供服务的维护时间来发布……在线系统不都应当提供 7×24 的不间断服务吗？……一般应该把实现零停机部署设置为高优先级，除非特定业务本身真的不需要。而即便特定业务本身无须连续提供服务，也应当尽量做到在其提供服务的时候可以发布升级，以应对紧急发布的情况。

最后，一些在线服务在节假日或重大事件时期要按政策进行封网，这种对发布时间的限制就先别想着改进了，按政策来吧。

13.2.5　操作对象的颗粒度

应该以微服务为单位制订发布计划并发布，还是以开发团队（比如敏捷开发中提到的特性团队）或部门为单位发布？如果一起发布的内容多，则协调难，相互牵扯多，等待多，灵活性差，所以应该尽量拆分成更小的单位发布。然而，如果几个微服务关系紧密，经常出现为了一个特性需要改动不止一个微服务的情况，那么让它们总是一起送测并在同一天按一定顺序发布，也是合理的。这是总原则。

　　笔者遇到的最极端的情况是以公司为单位发布。这个公司有一套核心系统,已经在大型主机上运行和维护了很多年,每个月对它进行一次版本升级。公司里的其他子系统则大多可以在 Linux 服务器上运行,有些已经做到了使用微服务,有些已经开始使用容器编排,然而,它们多多少少与核心系统有些关联。考虑到核心系统的升级是最慢的,所有其他子系统都跟它对齐:在每个月的某一天,公司的所有系统都在这天晚上升级。

　　这里逻辑上的漏洞是,虽然每个子系统都多多少少与核心系统有些关联,但这并不意味着每个特性都牵涉到核心系统的改动。而如果一个特性没有牵涉到核心系统的改动,那么它就可以按自己的节奏发布,跟核心系统没什么关系。事实上,经过分析发现,绝大多数特性都不牵涉核心系统的改动。

　　同样的道理,当我们讨论不同微服务间协同发布时,要分辨清楚从每个特性的角度看到底有多大的关联。如果总体来看有关联的特性不多,那么就可以在跨微服务时给予特别的考虑,对于其他特性就按本微服务自己的节奏来。而如果总体来看微服务间有很强的耦合性,很多特性都会涉及不同的模块,那么把它们作为整体以统一的节奏进行测试和发布就比较合理。典型的,如一个特性团队负责几个微服务时,经常是让这些微服务一起测试和发布。当然,长期来看,要努力把软件架构调整得更好,降低耦合性,争取更大的灵活性。

　　此外,测试环境资源也会对决策产生影响。如果只有一套测试环境,在同一时期不同的特性就需要用到这套测试环境进行验证,那么它们自然而然地就会先被合并到同一个集成发布分支再送测。由于其中时不时地有跨模块的特性,于是多个模块自然而然地就会有同样的测试和发布时间表了。

　　显然,这种情况的根本解决之道是增加测试环境资源,让涉及多个模块的特性可以选择独立测试,进而独立发布。而在资源固定的情况下也仍有改进的空间,不一定是各个模块都要各自带上一堆特性一起发布。具体情况,我们将在下面讲解整体协调时进行讨论。

13.2.6　整体协调:按一定顺序发布

　　当一个特性涉及多个微服务时,该特性的发布就涉及多个微服务。这些微服务的发布通常是有一定的顺序要求的——有的可以并行,有的必须有先有后。这是因为,某个微服务的包含该特性的新版本,并不总是可以和其他微服务的不包含该特性的旧版本兼容并存,并存可能会导致软件功能出现问题。举一个例子,如果前台微服务 A 的新版本不能与后台微服务 B 的旧版本兼容并存,而前台微服务 A 的旧版本可以与后台微服务 B 的新版本兼容并存,那么就只能先把后台微服务 B 从旧版本升级到新版本,再把前台微服务 A 从旧版本升级到新版本。详见图 13-1。

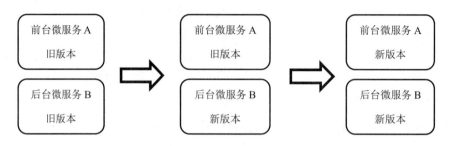

图 13-1 微服务的发布顺序与兼容性

当然，这就意味着从软件架构的角度必须做好兼容性，总是能够至少找到一种顺序编排方式，让升级可以平稳进行，不影响服务的用户。而如果兼容性好到可以按任意顺序升级，那当然就更好了。

这里有一个有意思的地方：当按一定顺序上线一个跨多个微服务的特性时，从开始上线第一个微服务到最后一个微服务上线完成，并不是一件紧迫的必须在很短的一段时间内完成的事情，拖后一天甚至拖后几天都行。如果能接受特性最终上线的时间拖后几天的话，那么就为相关各微服务发布上线的时间规划提供了很大的灵活性。

而从工具的角度来看，考虑：

- 能否避免发布人员犯错误，违背部署顺序。
- 能否自动按照预先编排的顺序发布，或者只需要在必要时点击"启动"按钮，不用临时选来选去。
- 能否清晰地显示每个特性发布的状态，如尚未发布、发布中、已发布完成等，并显示发布的具体进度。

最后，以上讨论不仅包括一个特性涉及多个微服务改动的情况，也包括一个特性同时涉及数据库表结构调整、配置参数调整、环境配置调整的情况。

13.2.7 整体协调：当在特性分支上完成全部测试时

当遇到需要修改多个微服务的特性的情况时，对测试和上线该如何进行整体协调呢？根据具体情况，这里面有万千变化。我们先来介绍特别容易处理的情况，再来介绍处理起来比较困难的情况。

在理想情况下，每个特性都可以单独进行一次发布。在特性分支上完成全部测试时，可以随时发布该特性。在这种情况下，何时发布一个跨多个微服务的特性，主要取决于这个特性本身。

该特性在相关各微服务的代码库中都有同名的特性分支。在完成开发后，把各微服务上该特性分支末端版本部署到该特性专有的测试环境中进行测试,修复发现的问题,直到测试通过。此时该特性就处于可发布状态。

于是,按照特定的发布顺序,分别发布各微服务中相应特性分支上的内容,在短时间内完成所有相关微服务的发布。如果某个微服务上恰好有其他特性也正要发布,那么就考虑跟它一起发布,而如果纠缠不清,就排队等一会儿,反正也不是那么着急,不差那几(十)分钟。

13.2.8 整体协调:当每个微服务都有自己的迭代节奏时

上一节介绍的在特性分支上完成全部测试后,可以随时发布,是一种比较理想的情况。下面我们来看看在典型的比较困难的情况下该怎么应对。

假定微服务 A 和微服务 B 都有特性分支与集成发布分支,大量测试是在集成发布分支上完成的。微服务 A 和微服务 B 分别有自己的迭代节奏,都是两周迭代一次,在迭代结束时发布上线。但微服务 A 的迭代时间和微服务 B 的迭代时间差一个星期,比如微服务 A 总是比微服务 B 早发布一个星期,或者微服务 A 总是比微服务 B 晚发布一个星期。

现在有一个特性,需要在微服务 A 和微服务 B 上都修改代码,且发布顺序必须是先升级微服务 B,再升级微服务 A。为了开发这个特性,分别在两个代码库上中拉出了特性分支。等在特性分支上开发完成后,该如何合并到集成发布分支进行特性整体测试并最终发布呢?

由于发布顺序必须是先升级微服务 B,再升级微服务 A,所以需要分别在微服务 A 和微服务 B 上选定迭代时间,让微服务 B 上选定的迭代时间比微服务 A 上选定的迭代时间早一个星期,且都还有足够的时间进行该特性的联合测试。把该特性在微服务 A 和微服务 B 上的改动,分别合入所选定迭代时间对应的集成发布分支,随后部署到测试环境中进行该特性的完整测试,直到确定达到可发布的质量。于是,在预定的时间发布微服务 B,一周后发布微服务 A,至此完成该特性的发布。

注意,在特定的约束条件下,并不总是能够找到可行的解。比如,如果微服务 A、B、C 有相同的迭代周期,并且都在迭代末期发布,发布顺序是 ABC,而某个特性所需的发布顺序是 BAC,那么它就很难找到一个合适的时间进行测试和发布,如图 13-2 所示。

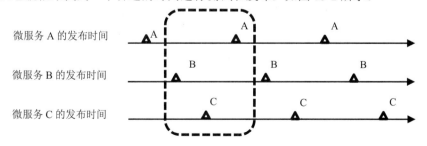

图 13-2　任意时间段都不满足期望的发布顺序

此时就应该想办法改变约束条件本身。比如：

- 临时调整最近的迭代发布计划。
- 为这个特性单独进行一次发布：类似于紧急发布的处理方法，拉出专门的发布分支，测试并发布这个特性。
- 在对这个特性进行完整的端到端测试前，就先把微服务 B 上的改动发布出去，将来联调微服务 A、B、C 时，若发现微服务 B 有问题再进行补救。
- 如果经常需要同时修改这三个微服务，则要统一它们的迭代发布节奏。
- 长期来看，优化架构，更好的版本兼容性将使得发布顺序更灵活。
- 长期来看，优化迭代流程，不是必须在迭代末期发布。
- 长期来看，把更多的测试移到特性分支上来做。

综上所述，当一个特性涉及修改多个微服务时，对于如何整体协调测试和上线，我们给出了两种"极端"情况下的答案。其实在现实中遇到的场景一般介于这两种情况之间，而答案也介于上述两个答案之间。

13.2.9　整体协调：静态库典型情况之公共基础库

静态库是指构建时依赖的制品，它和源代码一起作为构建的输入，构建产生新的制品。新的制品可能是可以直接部署运行的安装包或者镜像，也可能是静态库，用于将来参与其他构建。如果静态库是本开发团队产生的，那么它常被称作一方库或一方包；如果静态库是公司内部其他开发团队产生的，那么它常被称作二方库或二方包；如果静态库来自公司外部，比如来自开源社区，那么它常被称作三方库或者三方包。

对于静态库本身，需要编写代码实现其功能。静态库也要经历集成、测试、发布的过程，那么它是自己独立经历这个过程还是跟使用它的微服务甚至整个系统一起呢？我们分情况讨论。

第一种典型情况是静态库提供的是某种基础功能，这些功能不依赖运行环境中的其他服务，只要构建时包括这个静态库，它就可以在微服务运行时发挥作用。典型的如某方面的类库、某种算法、某个框架。这类静态库通常是相当独立的，并且可以供众多程序使用，它和使用者之间是 $1:N$ 的关系。它的价值是实现了软件复用，避免为众多程序开发相同的基础功能，如图 13-3 所示。

这类静态库通常可以独立地集成、测试和发布。在测试时，它使用属于自己的测试脚本来调用其提供的函数和方法。这类静态库的发布并不是对"外"发布——让微服务或者系统的使用者感知到，而是对"内"发布——发布给可以使用它的程序。至于具体某个程序用不用、什么时候用，并不影响静态库的开发节奏。不同的程序可以在不同的时间点引入这类静态库的特定已发布版本，并在程序自己可控的时间点升级它。

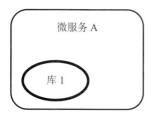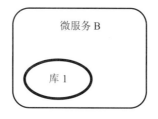

图 13-3　第一种典型情况：公共基础库

13.2.10　整体协调：静态库典型情况之整体应用的组成部分

第二种典型情况是众多静态库在一起组成一个应用程序，比如组成一个比较大型的移动端应用。而从每个静态库的角度来看，它一般也就参与构成一个应用程序。此时静态库和使用者之间是 $N:1$ 的关系，与上一节讲的第一种典型情况刚好相反。这类静态库通常没那么独立，而且时不时会有一个对外的特性需要改动不止一个静态库，如图 13-4 所示。

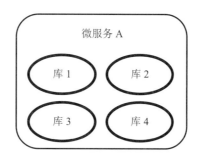

图 13-4　第二种典型情况：整体应用的组成部分

此时使用静态库更像是一种技术解决方案，用以解决代码库的尺寸太大或者构建所需的源代码的尺寸太大带来的缓慢、低效的问题。从流程的角度来看，它与基于源代码集成形成整个单体应用的区别不大。

在创建特性分支时，在需要改动代码的一个或多个静态库和主程序代码库中拉出特性分支。如果在特性改动提交前进行测试，那么就会在特性分支上产生各个相关静态库，然后在特性分支上编译主程序，以形成包含该特性的整体应用供测试时使用。

特性改动提交首先意味着在各个代码库中把特性分支上的代码合入集成分支，而对于静态库所在的代码库，还要进行构建生成静态库。然后使用这些静态库构建生成整体应用，送去测试，并"对外"发布。

此时并不存在静态库本身发布的概念，就好像主程序的某个文件不存在"对外"或"对内"发布的概念，要发布就是程序整体发布。

13.2.11　整体协调：静态库典型情况之服务接口定义

第三种典型情况是用静态库表达服务的接口，在微服务架构下经常出现这种情况。比如微服务 A 对应着静态库 A，微服务 A 负责实现静态库 A 中定义的接口，而运行时调用微服务 A 的微服务 B，则在构建时使用静态库 A，如图 13-5 所示。

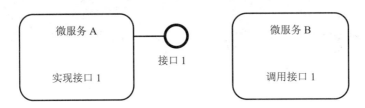

图 13-5　第三种典型情况：服务接口定义

在这种情况下，微服务 A 和静态库 A 的源代码通常在同一个代码库 A 中。构建时，先生成静态库 A，再生成微服务 A。

如果一个特性涉及微服务 A 和微服务 B 的代码改动，并且改动了微服务 A 的接口定义，则应该在代码库 A 中和微服务 B 所在的代码库 B 中分别拉出相应的特性分支。如果在特性改动提交前进行测试，那么就在代码库 A 的特性分支上构建产生静态库 A，然后以静态库 A 的新版本作为构建输入，在代码库 A 中构建产生微服务 A，在代码库 B 中构建产生微服务 B。随后在部署测试环境时，先部署微服务 A，再部署微服务 B。

此时的特性改动提交意味着代码库 A 和代码库 B 中相应的特性分支分别合入该代码库的集成分支，然后构建产生静态库 A，随后基于它构建产生微服务 A 和微服务 B。不论部署的是测试环境还是生产环境，都是先部署微服务 A，再部署微服务 B 的。在架构上要保证兼容性——在部署微服务 A 后，微服务 A 的新版本与微服务 B 的旧版本可以一起工作，否则在升级过程中会出现问题。

类似于第一种典型情况，第三种典型情况也可能是多个微服务使用静态库 A，此时它们都在运行时调用微服务 A。在这种情况下，也是由各个微服务自己来决定什么时候使用静态库 A 的新版本的。此时，微服务 A 的新版本的兼容性就更为重要了，因为微服务 A 的新版本与使用其旧版本接口的其他微服务共同工作的情况会更多，时间会更长。

13.3 执行效果

执行效果度量：具备足够好的质量

我们前面讲过，代码改动提交前应该具备一定的质量，特性改动提交前应该具备一定的质量。而在流程继续流转，经过集成和测试之后，作为最终结果，特性在发布上线前要有更高的质量，达到特定业务所需的足够好的质量。

首先来看因为特性上线前没能发现问题，导致上线后暴露出的一些问题，其中既包括发布上线引起的故障，也包括线上缺陷。我们并不追求零问题，而是要让故障和线上缺陷的统计值处在一个可以接受的范围内（从业务的角度来看）。因此，要对故障和线上缺陷逐一分析，看它们是相对来说需要很高的成本才能提前识别出来的问题，还是能找到适当的方法早点发现的问题。对于后者，意味着可以想办法从机制上改进，增加包括生产环境测试在内的某种测试，或者加强现有测试发现问题的能力。

除了要看特性发布后暴露出的问题，也要看其在上线过程中暴露出的问题，这些问题通常没有被记为故障或缺陷。在理想情况下，上线的过程应该是一个顺畅的过程。记录和统计在上线过程中遇到的任何问题，包括：上线过程卡在某个地方无法继续；某些步骤重试，漏部署、漏配置了一些内容导致新特性没有生效；在上线过程中通过监控发现了系统的异常，或者通过用户界面操作发现了功能的异常，于是中止并回退本次上线，等等。事后应该回顾每一次上线遇到的每一个问题，分析产生问题的原因，看看有没有办法从机制上改进，以避免类似的问题再次出现。作为度量指标，发布成功率是一个比较直观的统计值。发布成功率是指发布成功的数量占总发布数量的百分比。注意，在使用这个度量指标时要明确计算方法：一次发布是什么含义、怎样算发布成功或发布失败。所有的度量指标都需要有明确的计算方法，而发布成功率这个度量指标要格外注意，因为不同的人想的经常不是一回事儿。

13.4 执行效率

13.4.1 执行效率度量

考查从集成到发布这个过程的整体执行效率，核心是看这个过程花费的时间——从一个特性的视角来看，当它被合入集成分支后，要经过多久才能让所有用户看到，即看这个数据的统计值。

如果在这个过程中包括了几天的灰度发布时间或者 A/B 测试时间，那么另一个指标也值得单独考查——当一个特性被合入集成分支后，经过多久才能让小范围的用户看到。这是因为，能让小范围的用户看到，就意味着可以收到用户对产品的反馈，进而根据用户的反馈制订调整计划，调整产品设计。

13.4.2　自主完成：精简发布审批流程

发布审批是指在通过一系列自动的和人工的测试之后，在特性发布上线之前，要经过某种人工审批流程。这种审批经常会分成几步，涉及不同的角色/职能，层层审批。越大的开发组织、年头越久的开发项目，审批流程往往越复杂。

对发布审批必须非常警惕，因为很可能其中包含了没有必要的审批环节。而审批意味着准备材料、等待、解释，这些都将延长特性从开发完成到发布上线的时间。这些浪费要尽量消除。

消除浪费的方法是，问清楚整个审批过程具体要考虑哪些事情，要检查哪些点。如果在某个审批环节说不清楚这些内容，那么这个审批环节就很可疑，它很可能是没有实际价值的，应该从流程上剔除。而如果能够说清楚这些内容，能说出明确的规则和判断标准，往往又意味着这是可以自动化完成的，于是把它自动化，随后把人工审批环节从流程上剔除。

对于一时难以剔除的审批环节，有一个最低要求，就是应该把发布审批流程本身电子化，而不是靠口头或者邮件，最好是把它整合到流水线中。

13.5　问题处理效率

13.5.1　问题处理效率度量：故障恢复与缺陷修复的时长

在特性发布时和发布后，对于生产系统中产生的故障，则通过故障恢复时长来衡量问题处理效率。故障恢复时长是指从故障产生（注意不是故障发现）到系统恢复正常所需的时间。它的统计值是运维领域重要的度量指标。

对于特性发布后在生产系统中发现的缺陷也就是线上缺陷，其修复时长是一个十分重要的指标，要尽量缩短。此时的计算方法是看从缺陷上线到其修复上线的总时间，即看这个数据的统计值。

13.5.2　及时发现

在特性上线过程中要想及时发现问题，就要做好监控工作。这既包括在升级过程中对软硬件系统的监控——这是运维领域要详细讨论的内容，也包括对用户反馈的监控，比如舆情监控。

在特性发布之后的监控，也同样既包括对系统的监控，也包括对用户反馈的监控。

13.5.3　适当通知

我们前面讲过，当某个步骤或活动执行完成，接下来需要某人继续做点什么的时候，要精准通知到这个人，没必要广播，也没必要设置一个特定的岗位来当"二传手"。

具体到发布后和上线时：

- 对于线上缺陷，要自动通知负责修复缺陷或负责记录缺陷并进一步处理的人员。
- 对于故障或其他运维异常情况，包括发布时和发布后的，不论是否是发布引起的，都要有明确的处理和管理流程，包括何时通知哪些人。这部分是运维工作重点关注的内容，要详细考查。

13.5.4　及时处理

对于测试时发现的问题要及时处理。而对于线上的问题，包括故障和线上缺陷，显然也需要设置高优先级及时处理。

13.5.5　快速定位

在生产环境中暴露出的问题，如果只看日志看不出所以然，那么就要考虑如何在测试环境或开发人员的个人开发环境中复现，以便进行分析、调试和定位。这要基于特定的生产环境和数据，有不少具体的技术问题要解决。

13.5.6　便捷回退：发布回滚

当在集成测试过程中发现严重问题并且看起来一时半会儿修复不好时，会选择回退，把已经合入集成发布分支的特性摘除，这是我们前面介绍过的内容。而当特性发布上线后发现严重问题时，也采用类似的思路，考虑进行回滚操作。下面具体介绍一下。

当生产环境在发布新版本之时或之后发生故障时，如果判断可能是由于某个或某几个微服务发布新版本导致的，那么首先考虑的往往不是修复新版本中的问题，而是在生产环境中回滚新版本，回到旧版本。因为当生产环境发生故障时，最重要的就是尽可能快地消除故障。而回滚往往能最快地消除故障，为此宁可同时撤掉新版本中所包含的各个新特性。这不是"倒洗脚水把孩子也倒掉了"，而是"壮士断腕"。

发布回滚要便捷：操作方便，所需时间短。在发布的页面上，比如在与部署流水线相关的页面上，就有一个明显的发布回滚按钮，并且提供了选择回滚到哪个版本的列表，而非既慢又容易出错的手工输入，默认回滚到前一个版本。在下达了回滚指令之后，工具平台应该能够迅速回滚到老版本，比平时部署一个新版本要快，而且越快越好。

当要回滚多个微服务时，需要有合适的回滚顺序。一般来讲，回滚顺序刚好是发布时各微服务发布顺序的逆序。另外，不一定要把与有问题的特性相关的各个微服务都回滚到旧版本。比如，如果一个新接口的调用侧不再发起调用，那么被调用侧就不会过载崩溃，所以把调用侧回滚后，观察一下指标，看看情况是不是开始好转。

当在生产环境中把某个微服务回滚到旧版本后，还要考虑是否应回退源代码版本——如果在代码库中有一个专门的分支——通常是 master 分支——来代表线上最新版本的话，则要考虑这个分支末端的内容要不要回退到上一个版本。具体情况，我们将在第 14 章中进行讨论。

最后，如果特性是靠特性开关实现的，并且特性开关可以在系统运行时随时拨动并立即生效，那么就实现了所谓的"发布与部署分离"。如果推断是由于打开某个特性开关导致了故障，那么就可以通过关闭这个特性开关来去掉相应的新特性，看看情况是否开始好转。

13.5.7 紧急改动的生效方式：紧急发布

在生产环境中回滚之后，还是要想办法定位到真正的问题，并且通过修改代码真正修复问题，然后重新上线回滚那些新特性。更多的时候是问题没那么严重，并没有做线上回滚，此时只需要尽快修复问题，然后发布上线问题修复本身。

此时关键的一点是，通常不会按照一般的节奏来为它做集成、测试和发布。比如，如果平时是两周一次迭代、一次发布的话，此时并不需要跟随当前迭代中规划的新特性，等到迭代末期一并发布，而是要为本次紧急修复本身单独发布一个版本，在这个版本中不包含正常迭代要发布的其他新特性，只有要紧急发布的内容本身。所以，通常会为本次紧急发布单独做一个紧急发布分支，这个分支既是这个特性（特性的内容就是紧急修复线上问题）的特性分支，也是本次发布的测试发布分支。在这个分支上，执行从开发到测试再到发布的全部过程。

由于本次发布比较紧急，因此希望它更快些。它也确实可以更快些——由于本次发布只包含这一个特性，所以流程可以更快些；让各种资源投入和安排有更高的优先级、更少的等待时间，这可以让流程更快一些；流程本身可以适当简化，这也可以让流程更快一些。

这样紧急发布的版本，我们通常称之为补丁版本。所以这里讨论的是补丁版本的交付。事实上，不仅是紧急修复问题可以这样紧急发布，如果是紧急的需求，也可以采用这样的方式紧急发布：一次发布仅包含这一个需求，尽快发布它。

紧急发布的本质是一种版本交叠：本次紧急发布与正常节奏的集成发布相交叠。所以所有与版本交叠相关的事情，在紧急发布时都要注意，比如有机制保证不会出现它与正常发布的内容相互覆盖的情况。

第 3 部分

具体活动

第 14 章
源代码版本控制

14.1 导论

14.1.1 考查范围

不只是源代码，在软件交付过程中，有很多内容都应当被纳入版本控制中。其中大体分为两种做法：一是纳入专门的版本控制工具中来管理，比如使用 Git；二是在相应的工具中增加记录修改历史的能力，比如在工作项管理工具中记录工作项的修改历史，在测试用例管理工具中记录测试用例的修改历史，在流水线平台中记录流水线配置的修改历史，等等。本章讨论的是第一种做法。准确地说，是考查源代码以及所有与源代码一起存储的内容，对它们进行版本控制。我们将考查版本控制工具，以及如何运用它。

然而，我们并不会特别地把某一种内容单独拎出来考查，看它是否纳入了版本控制中，分析它是与源代码一起存储更好，还是在相应的工具中记录修改历史更好。这类针对特定内容的分析，应该在分析特定子领域时进行。比如在第 10 章中，讨论了用流水线来支持这个阶段的流程自动化，于是在 10.5.3 节就讨论了流水线的配置修改历史应该存放在哪里。

14.1.2 关注重点

我们先要做好一些基本的事情，比如迁移到 Git，搭建起基于 Git 的版本控制服务，并保证它的可靠性和性能。如果这些事情还没有做好，就赶快去做吧！

在此基础之上，我们往往会花费较多的时间来思考和讨论分支策略。在这一章中也会用比较多的篇幅来讨论分支策略。

14.2　执行时机

14.2.1　管理并发：晚分叉模式支持交叠

我们前面讲过，交叠是指同一个软件的不同发布版本的开发、集成、测试、发布流程之间存在一定程度的并行——前一个版本还没有发布，后一个版本已经在开发、集成、测试了。那么，从分支的角度来讲，如何支持交叠呢？

一种经典的模式是，有一个长期存在的集成分支，当发展和稳定这两个目标出现矛盾时，分叉——从它上面拉出一个用于稳定的短期分支，而这个长期存在的集成分支则用于继续发展。

Git Flow 分支模型是这种模式的典型代表 [1]。在 Git Flow 分支模型中，用 develop 分支作为长期存在的集成分支，代码改动或者直接提交到这里，或者先提交到 feature 分支，再提交到这里。当快要发布时，可能会出现这种情况：一方面，规划中即将发布的版本要包含的特性都已经开发完成并且已合并到集成分支，接下来只需要修复通过测试发现的各个缺陷就可以发布了；另一方面，不断有新的特性被开发出来，需要持续地集成，此时的集成分支是无法同时支持发展和稳定这两个目标的——如果不允许新的特性合入，那么就无法持续地集成；而如果允许新的特性合入，那么规划中即将发布的版本就会不断地有不在规划中的特性加入，而且可能在修改了已经发现的缺陷之后，又测试出来新特性引入的新缺陷，质量稳定不下来，达不到发布标准。也就是说，此时发展和稳定这两个目标出现了矛盾。

为此，在 Git Flow 分支模型中，就可以使用一个新的分支，即短期的 release 分支，用于本次发布前的稳定——从长期存在的集成分支上拉出供本次发布使用的发布分支，然后在发布分支上修复规划中即将发布的版本中的缺陷，直到最后发布。而在集成分支上，则继续进行新开发完成特性的持续集成。develop 和 release 这两个分支相互独立，分别"生长"，花开两朵，各表一枝。

所有交叠的场景，都要解决一个技术上的问题：下一个发布版本，要包含上一个发布版本中已经发布的内容。为此，通常的做法是每当发布了一个版本时，其他正在"生长"的进程就要考虑是否需要把改动同步过来，也就是把改动合并到相应的"生长中"的分支。而当要发布一个版本时，需要检查它是否包含了上次发布版本的内容，这也是版本控制工具能够告诉你的。

1　参考译文：链接 14，或者原文：链接 15。注意原文位于境外网站上。

晚分叉模式支持交叠，不仅体现在邻近的两个发布版本之间如何隔离和协调上，在更多的交叠场景中同样可以应用这种模式。比如，当需要在维护 1.X 版本序列的同时开发 2.0 版本时，从当前为 1.X 版本序列服务的主干拉出一个 1.X 维护分支，改由这个分支来负责 1.X 版本序列的维护，而主干则用于 2.0 版本的开发。将来要开发 3.0 版本时，再从主干拉出一个 2.X 维护分支。这里的主干，就类似于上文提到的名为 develop 的长期集成分支，负责发展；1.X 维护分支和 2.X 维护分支，就类似于上文提到的 release 分支，用于稳定。而 1.X 维护分支和 2.X 维护分支上的改动，同样需要考虑合并回主干，尽管在合并的细节上有所不同——这个场景下的合并经常是持续的、挑挑拣拣的。

14.2.2　管理并发：早分叉模式支持交叠

上一节讲的方法，有一个长期存在的集成分支，然后当发展与稳定有矛盾时，分叉，创建短期的发布分支。这样的话，在长期集成分支上的后序计划发布版本的集成就天然基于前序计划发布版本的已集成内容。而这一节要讲的方法，是把分叉点前移，让后序计划发布版本的集成基于当前最新已发布版本。Aone Flow 分支模型是这种模式的典型代表。[1]

具体来说，每当一个计划发布的版本要做集成，但还没计划它到底什么时候发布时，就基于当前最新已发布版本创建一个本次发布专属的集成发布分支。在这个短期分支上集成新特性，送去测试，最终在该分支上发布，一个分支实现全过程。而不是像上一节所讲的方法那样，先在长期集成分支上晃悠，实在不行了，再拉出发布用的分支，最终在该分支上发布。

这种分支模式如何支持交叠呢？天然支持。每个规划的版本都有自己对应的集成发布分支，所以当一个规划的版本还没发布，而另一个规划的版本已经在集成时，它们交叠在一起，我们看到的情况是，两个规划的版本分别有自己对应的集成发布分支。而这两个短期分支的内容也没有关联，不存在谁基于谁、谁包含谁的问题。

至于如何保证下一个发布版本的内容一定是基于上一个发布版本的，做法是每当有一个版本发布后，就把它合并到其他各个还没发布的集成发布分支上。而在一个版本发布前，再检查一下它是否基于当前最新已发布版本，那就更保险了。

这种分支模式的好处是既直白又灵活。说它直白，是指一个分支上有什么特性合入，它就包含了什么特性。或者反着说，你想让本次发布版本中包含什么特性，就让什么特性分支合并进来；对于某个特性，你想让哪个发布版本包含它，就把它合并到哪个集成发布分支上。规则特别简单。

1　参见：链接 16。

说它灵活，是因为只有在发布后，一个集成发布分支的内容才会进入其他集成发布分支，所以多个集成发布分支之间相互独立，互不包含，可以任意安排谁先发布，谁后发布。比如临时有插队加塞儿的发布也很好办，再拉出一个集成发布分支就行了；取消一个发布也好办，废掉这个集成发布分支即可。

同时，从特性的视角来看也很灵活，想往哪个计划发布版本里放就往哪里放，想摘除就摘除（本章内另有其他小节讨论如何摘除），想改放到别的计划发布版本里发布，就改放到别的集成发布分支。每个计划发布版本就像一个筐，每个特性就像苹果，随你怎么把哪个苹果放到哪个筐里，随你怎么挪来挪去。

那么，早分叉模式与晚分叉模式相比，有不足之处吗？有的。它将"分叉"的位置提前了，加大了不同的集成、测试、发布进程之间的差异，增加了"隔阂"。而且这种"隔阂"不是随时能通过集成发布分支之间的合并来减少的，一个集成发布分支上的改动，必须等到发布上线之后，才能同步到其他集成发布分支。所以总体来看，在统计意义上，合并时解决代码冲突的工作量会增加，因为"隔阂"导致的构建不通过、软件功能缺陷等其他问题也会变多。这些是追求独立性和灵活性必然付出的代价。

在具体项目中，该选择早分叉模式还是选择晚分叉模式呢？在这个项目中，如果对灵活性的需求比较强，而且根据过去经验来看合并冲突并不多，那么就采用早分叉模式，反之就采用晚分叉模式，权衡着来吧。

14.2.3　管理并发：用主干代表最新已发布版本

如果采用早分叉模式，那么每次都是基于最新已发布版本来创建新的集成发布分支的。当发布一个新版本后，就要把相应的内容标记为最新已发布版本。我们可以考虑用打版本标签的方式来标记最新已发布版本——每发布一个版本，就打一个版本标签，然后根据版本标签的规则找到最新的那一个，它就是最新已发布版本。不过这有点麻烦，不如始终用一个"指针"，指向最新已发布版本，这样就不用每次都做判断了。那么我们就用一个分支来当这样的"指针"，比如用 master 分支，让它始终代表最新已发布版本。

具体来说，在发布后，把发布内容合并到 master 分支。这个合并应该没有任何冲突，因为这次发布的内容应该是基于上次发布的版本的，而合并前的 master 分支就是指向上次发布的版本的。在发布前甚至测试前，检查当前内容是否包括 master 分支上的所有内容，如果不包括，要及时从 master 分支合并过来。

以上操作应该自动化：发布后，流水线自动把当前集成发布分支合并到 master 分支；在发布前甚至测试前，流水线自动检查确保当前集成发布分支包括 master 分支上的所有内容。

以上是在早分叉模式下的分析。那么对于晚分叉模式，是否需要这样一个"指针"呢？在晚分叉模式下，这样的"指针"也有点用，因为它是指向最新已发布版本的。如果生产环境运行有问题，则直接看这个分支末端的源代码就行了。

Git Flow 模型采用晚分叉模式，它就有这样一个"指针"，就是 master 分支。不过不要认为 Git Flow 模型采用单纯的晚分叉模式，它其实采用的是一种混合模式，它的 hotfix 分支本质上是短期集成发布分支，后面的 14.5.4 节会进行详细分析。可见，Git Flow 模型里的 master 分支挺有价值的。

14.2.4　管理并发：特性分支的管理

在分支管理方面，我们关心在新建特性分支时从哪里拉出该特性分支，在特性分支上开发完成后合并到哪里，以及特性分支什么时候删除。

第一，关于从哪里拉出新的特性分支的问题，在晚分叉模式下，新的特性分支一般是从集成分支末端拉出的，以便尽可能基于最新集成结果，减少"隔阂"。如果在拉出发布分支之后，还要为这次发布修改代码的话，那么就从发布分支拉出新的特性分支，或者在发布分支上直接修改。

而在早分叉模式下，就只能从当前最新已发布版本（通常是 master 分支末端）拉出新的特性分支了，而不能从某个短期集成分支拉出，以保证灵活性——它随时可以被合并到任意短期集成分支。

第二，关于在特性分支上开发完成后合并到哪里的问题，在哪里集成就合并到哪个集成发布分支。在晚分叉模式下，一般是合并到长期集成分支，当然也有可能合并到特定的发布分支。而在早分叉模式下，就是合并到目标发布版本所在的集成发布分支。

第三，关于特性分支什么时候删除的问题，对于晚分叉模式，一旦合入集成发布分支，一般就可以删除了，因为它已经"上车"了。即便将来有什么变数，一般也是针对这个集成发布分支整体处理的，或者对这个集成发布分支上记录的特性分支合入时带进来的改动进行操作，以摘除这个特性，而特性分支本身已经没什么用了。

而在早分叉模式下，我们将特性分支当"苹果"，往特定的"筐"也就是目标发布版本所在的集成发布分支上放，甚至可以拿出来，修改后再放进去，还可以改放到其他"筐"里。所以特性分支要保留到包含它的版本已经发布上线后再删除。

不论什么时候删除特性分支，都应该是到时候就自动删除，而不需要开发人员去相关页面上操作，更不用说用命令行了。

除了以上三个问题，对于特性摘除、已提交特性的修改，本章内另有专门小节进行详细讨论。

14.2.5　操作对象的颗粒度：代码库的尺寸

代码库的尺寸，也就是一个代码库占用磁盘存储空间的大小，有没有限制？

如果非要较真儿的话，只能说几乎没有限制。比如谷歌的绝大部分代码都被保存在一个单根代码库中，也挺好的。但是，如果是在讨论常见的版本控制工具如 Git 或者 SVN，以及常规的构建、测试、部署方法，那么基本的建议是不要把代码库做得太大。

代码库的尺寸大，往往在这个代码库上同时工作的人就多，同时开发的特性就多，各种协调、各种相互等待就多。比如这版测试，特性 1 到特性 9 都没问题了，但特性 10 还有问题，那是接着等它，还是把它删除，让人纠结。再举一个例子，当出现交叠时，不同集成发布分支之间的合并可能会带来合并冲突。如果在一个代码库上没有几个人在做开发，那么合并冲突就少，而且做版本合并的人可能自己就能解决合并冲突；而如果在这个代码库上有几十个人在做开发，那么合并冲突就会大大增加，而且还得逐一找不同的人来解决冲突，合并变成了一件很费力的事情。

代码库的尺寸大，它本身的版本控制操作就会变慢，特别是像 Git 这样的分布式版本控制工具，需要下载这个库的所有代码的所有版本。此外，构建、测试、部署等后续操作，往往也跟着变慢了，而且对硬件资源如内存的需求也会变大。

代码库的尺寸大，往往反映的是软件架构上的问题。我们要追求细粒度、低耦合、可复用的软件架构，尽量采用微服务的方式而非大型单体应用。关于软件架构领域的具体内容，就不在这里展开介绍了。

14.3　执行效果

覆盖范围：外来源代码

开发建设一个软件系统，可能会用到来自公司外部的源代码。典型的，如使用 Go、Rust 等语言编写的程序在构建时经常会依赖开源的源代码。如何使用外来源代码，这需要从软件架构的角度仔细思考和权衡，并经过适当的评审流程，同时还要注意开源许可证是否合适。

这些都很重要，但不是本节的重点。本节要讨论的重点是，需要将外来源代码纳入公司内部的版本控制服务中的代码库进行管理吗？

如果需要对来自外部的源代码进行修改，以满足这个软件系统的特定需求，那么就应该将它纳入组织内部的代码库，以便基于它继续修改。如果来自外部的源代码还在演进中，那么在公司内部修改它时，需要拉出相应的分支——这本质上是为开发外来源代码的变体而拉出的变体分支。我们既要考虑当外来源代码升级时，何时将它合并到变体分支，也要考虑在变体分支上的修改，哪些可以贡献回去，回馈给开源社区。这样的贡献不仅是知恩图报，而且对企业自己也有好处——这将缩小变体和本体之间的差异。而这个差异越小，变体随本体的升级就越容易。

如果因为种种原因，这些源代码只被存放在外部不太可靠，那么也应该将其纳入组织内部的代码库。比如，如果在外部保存在国外站点上，网络连接速度慢、不稳定，那么就要考虑在公司内部保存一份；如果是其他供应商提供的源代码，那就更需要在组织内部保存，不然人家不提供就麻烦了。

而如果这些源代码被存放在外部挺可靠的，自己也不需要再进行修改，那么就没必要自己保存了。事实上，在这种情况下，通常不用关心源代码，直接使用源代码构建生成库和安装包之类的制品就好了。

14.4　执行效率

14.4.1　执行效率度量

版本控制工具的执行效率主要体现在开发人员在操作版本控制工具时对操作速度的感受上。以 Git 为例，要看从公司服务器执行"git clone"命令克隆一个典型尺寸的代码库要多久，新增100 行代码后，执行"git push"命令把改动上传到服务器要多久。从集中式版本控制工具如 SVN 迁移到分布式版本控制工具如 Git，往往能带来操作速度的大幅提升。而在迁移到 Git 后，也要保持对操作速度的关注，考虑通过增加带宽、提高服务器性能等方式，进一步改善用户的使用感受。

14.4.2　快速执行：分布式版本控制工具

版本控制工具大致分为两类，其中一类是以 SVN 为代表的集中式版本控制工具，将存放所有版本信息的仓库（常被称作代码库）放在服务器端，每个客户端都和服务器端打交道，每个客户端只有一个特定版本断面；另一类是以 Git 为代表的分布式版本控制工具，服务器端的代码库仍然存放着所有版本信息，然而客户端也有代码库作为缓存，存放着与服务器端几乎一样的信息，这样一来各种操作就特别快。

版本控制工具曾经经历长达几十年的百花齐放的时代，而当前 Git 已经成为版本控制工具事实上的标准。如果你还在使用 SVN 等工具，那就赶快迁移吧！

14.4.3　快速执行：便捷的页面操作

版本控制工具包括客户端和服务器端。服务器端除与客户端通信外，常常还会衍生出更多的功能，以 Web 页面的形式提供给用户使用。其中包括新建代码库、查看代码库中各目录和各文件的内容、查看分支和版本标签等版本控制操作，并且可以方便地完成相关权限设置。此外，它还提供了包含代码评审能力、分支合入流程控制能力的合并请求/拉取请求功能，甚至它可能会发展成支持软件交付过程的综合工具平台，比如 GitLab、GitHub。

14.4.4　规范可重复：管理众多代码库

一个企业内部的源代码应该被集中在一起管理，使用统一的版本控制服务集中管理众多代码库。

因此，版本控制服务需要支持某种形式的层级结构，就好像磁盘的文件目录树，而代码库是树的叶子节点，就好像文件目录树里的文件。这样的层级结构最好是和企业所开发的软件系统架构及产品线结构存在着一定的对应关系，这个层级结构上的各个节点的名称应该和软件系统中各部分的名称、产品线与产品的名称尽量一致。同时考虑为代码库和代码库的"文件夹"写一些简要的说明，和/或在代码库的根目录下放一个 README 文件。这些都是为了能够快速查找到想访问的代码库；而当遇到任意一个代码库时，也能够快速知道它是做什么的，属于哪个系统/子系统。

14.4.5　规范可重复：明确代码库内的目录结构和内容

对于某个具体的代码库，这棵文件目录树的结构和各个节点的命名也应当是合理的，并遵循某种规范。使用相同技术栈的各个代码库，应该使用大致相同的目录结构，这样方便大家快速上手。例如，如果以 Maven 作为编译构建工具，Maven 通常就有推荐的文件目录结构，如 src 目录下的 main 子目录用于存放源代码，test 子目录用于存放单元测试脚本；如果使用 Spring Boot 框架，也会有默认的配置文件和资源文件的存放目录。在此基础上加以丰富、完善并确定相关的目录，比如确定与持续集成相关的自动化脚本的存放目录。

在代码库中不应出现无用的目录和文件，特别要避免同一个文件在多个地方都存在，而只有其中一个地方的文件实际生效的情况。

在代码库中，特别是在像 Git 这样的分布式版本控制工具的代码库中，要避免存放二进制格式的且尺寸较大或数量较多的需要经常更新内容的文件。典型的，如构建时依赖的二进制库一般不应放入代码库中。在代码库中放入少数几个 Word 文档、少数几个图片文件可以，但放多了就不合适了。

避免这样做的原因是，目前版本控制工具还不支持二进制文件的增量存储，所以每当存入一个新版本时，整个代码库的尺寸都会相应地增加。分布式版本控制工具需要把所有历史版本都下载到使用者的本地，所以将来尺寸太大了会不方便，可以考虑将二进制文件存放到制品库或专门工具中管理。

这几年涌现出一些在代码库中存放大尺寸文件的解决方案，比如 Git LFS，也可以尝试使用。

14.4.6　规范可重复：规范版本号

说到版本号，其实是两个层面的问题：一是版本的命名规范；二是代码库里的内容如何与版本关联上。

先说第一个问题，版本的命名规范，也就是常说的版本号该怎么命名。这时大家可能马上想到的就是版本号分三段或者四段，分别是主版本号、次版本号、修订号等，越是靠前的号，就越是意味着大的变化，甚至不兼容老版本。注意，这种版本命名规范是有适用范围的——越是可能出现多个版本序列并行维护的情况，越是需要把版本号暴露给用户，让用户据此选择购买与否、升级与否，就越是适合使用这种命名方法。比如当年把 Microsoft Office 刻成光盘卖，比如现在考虑是否升级你的手机中的一个应用，比如供广大开发人员使用的一个类库、框架或者语言，比如一款支持私有化部署的软件产品。

而如果将软件以 SaaS 服务的形式提供给用户，只有一个版本序列，用户无法选择是否升级等，那么这种版本命名规范的意义就不大了。此时的版本号命名，要考虑的核心问题是方便开发、集成、测试、发布过程本身。

假定软件是以固定的迭代周期（比如两周）开发的，在每个迭代周期后期做一轮测试或几轮测试，最后在迭代末期发布，那么每次迭代都会有它的名字，比如 21.03，表示 2021 年第 3 次迭代；每次送测也会有它的名字，比如 21.03.01，表示 2021 年第 3 次迭代的第 1 次送测。把这样的名字当作版本号就挺好的。比如 21.03 表示 2021 年第 3 次迭代发布的版本。假如有一个缺陷是在 21.03.01 这个版本中测试时发现的，就表示 2021 年第 3 次迭代第 1 次送测时发现了这个缺陷。

但是有时并没有固定的迭代周期或者迭代与发布并不一一对应，而是每次快发布时，在工具平台中注册这个发布，然后在平台中跟进发布审批，将相关若干个微服务发布到预生产环境中，最后把它们发布到生产环境中，那么在平台中本次发布就必然有一个名称或者一个编号，比如 12345。把它当作版本号就好。如果在这个过程中发现了问题，则可以改后重新运行，而不用重新注册一个新的发布，那么这个发布流程的每次运行还会有一个编号，比如从 1 开始的顺序号，版本号就是发布编号加上这个顺序号，如 12345.2。

如果是更轻量级的流程，在集成发布分支上随时测试，随时发布，那么就可以把构建时源代码所在的分支名称加上一个顺序号作为版本号，比如 int-1234。或者可以把时间戳作为版本号的一部分，比如 int-2021.04.06.164810。类似于这样的简单方案比较容易实现自动化。

无论如何，版本号都需要有一个明确的且合理的约定。这样大家使用同样的版本号命名方式，就好像使用相同的语言，协作起来也比较顺畅。此外，要想实现自动化，也是需要先约定好标准和规范的。

14.4.7 规范可重复：标识源代码版本

以上是对版本如何命名的讨论。下面讨论与版本号相关的另一个问题，即代码库里的内容如何与版本关联上。

在过去，一种经典的方法是在代码库中打上标签（Tag、Label），标签的名称与版本的名称相同。于是，根据版本名称可以找到对应的标签，继而可以检出（Checkout）代码库里对应的源代码版本断面，或者与这个版本断面做比较（Diff）。

注意产生这种经典方法的背景：当时的版本控制工具通常需要显式地打一个标签，才能在代码库中标识一个整体版本。如果不这么做，只能说某个文件的第几个版本，无法记录代码库中文件目录树的整体版本。而现在的版本控制工具，不仅是 Git，即使是 SVN，也都可以在每一次代码改动提交时自动形成一个提交 ID（Commit ID），它不仅代表着本次提交的改动，也代表着提交后形成的整个代码库的一个新的整体版本。这样的提交 ID 也能起到标识版本的作用，只是其名称没有语义而已。

可见，如今打版本标签的价值已经不像过去那么大了。今天有替代的方法——在需要时，只要能从流水线的一次运行中方便地查到它对应的代码库里的提交 ID，只要能从制品库里的一个制品版本中方便地查到它对应的代码库里的提交 ID，就一样能得到这个版本对应的源代码整体内容断面。当然，如果经常需要查看的话，则可以在代码库中打标签，这样会更方便一点。也可以考虑只对少数重要的版本打标签，比如只对已发布版本打标签。

最后，打标签这个动作应该是在流水线上自动完成的。

14.5 问题处理效率

14.5.1 便捷回退：特性摘除

如何把已合入集成发布分支的特性分支上的代码改动，从集成发布分支上摘除？这无须人工进行，版本控制工具通常提供了相应的命令，比如 Git 的 revert 命令。在版本控制服务的 Web 页面上，通常也有相应的按钮。比如在 GitLab 中，如果一个特性分支已经通过一个合并请求合入集成发布分支，那么点击这个合并请求上的 Revert 按钮，就可以把它从集成发布分支上摘除。

注意，当把特性分支摘除后，将来想把这个特性分支上的改动再次合入集成发布分支时，比如在特性分支上修正了严重错误，想再次提交时，在技术上会有一点麻烦，不能简单地再次提交。关于技术细节这里就不展开介绍了。[1]

集成发布分支的不同分支策略也会影响特性分支的摘除和再次提交的操作方法。如果没有一个长期存在的集成分支，而是在每次发布时都基于当前最新发布版本创建一个集成发布分支，那么从这个分支上摘除某个特性分支时，还有一种方法可以使用，就是基于当前最新发布版本，再创建一个新的集成发布分支，然后把这个特性分支之外的其他特性合入这个新的分支，等将来这个被摘除的特性分支上的问题解决了，又想集成这个特性分支上的改动进而发布它，再把它合入这个新的集成发布分支即可。这种方法的优点是处理简单、直接——想要哪些特性，就把哪些特性（重新）凑起来；而缺点是经常需要重复解决合并冲突的问题。

14.5.2 便捷回退：发布回滚

比如在发布新版本 B 之时或之后，如果发生故障，则可能会在生产环境中回滚新版本 B，回到旧版本 A，即发布回滚。这是我们在第 13 章中讲过的内容。

当在生产环境中完成回滚后，下次再向生产环境中部署版本 C 时要小心，不要再出现部署版本 B 时遇到的问题。也就是说，要么版本 C 中包含了版本 B 和对版本 B 中问题的修复，要么版本 C 中根本就不包含版本 B 的内容。那么，如何保证这一点呢？

方法一是，生产环境的回滚自动触发代码库中的回退，仿佛版本 B 并未发布过。于是，等下次发布其他内容时，也就默认不会带上版本 B 的内容了。具体来说，在代表最新已发布版本的 master 分支上回退版本 B，比如使用"git revert"命令。这样，在下次发布其他内容前，从 master 分支往该发布分支合并时，就自然把版本 B 的内容抹除了。注意，这类似于前面讲的已摘除的特性再次提交时的情况，等已回退的版本 B 想要再次发布时，需要一些版本控制工具操

1　参考：链接 17。

作上的技巧。

方法二是，不是自动触发 master 分支上的回退，而是视情况而定。如果下次发布时不打算包含版本 B 的内容，那么就回退；如果下次发布时打算包含版本 B 和对版本 B 中问题的修复，那么就不回退。其实大多数情况是后者。使用这种方法，最好是在流程自动化工具上自动增加一个检查点，如果发生了发布回滚，但代码没有回退，那么下次发布前就需要人工确认，本次发布是否已经包含了对版本 B 中问题的修复。

除了这两种方法，能不能采用下面这种方法呢？不是在发布前就把版本 B 合入代表最新已发布版本的 master 分支，甚至不是在发布后就立即合入 master 分支，而是等一段时间，确定没问题了再合入。一般不建议这么做。因为即便不考虑 master 分支，版本 C 也可能已经包含了版本 B 的内容，所以它不能完全防止问题的发生。此外，不及时合入 master 分支，还可能导致恰好此时新发布的版本没有完全包含上一个发布版本的内容。

14.5.3　紧急改动的生效方式：已提交特性的修改

如果已经把特性的代码改动合入集成发布分支，但在随后的测试过程中发现该特性的实现引入了一个缺陷，那么应该在哪个分支上修复这个缺陷呢？

方法一：在集成发布分支上直接修复。

方法二：新建一个"特性"分支修复，然后把这个"特性"分支合入集成发布分支。

方法三：在原先的特性分支上修复，然后把这个特性分支再次合入集成发布分支。

该使用哪种方法呢？如果采用的是有一个长期存在的集成分支的晚分叉模式，那么哪种方法都可以使用，它们各有利弊。"方法一"简单，但是需要集成分支的写权限。如果使用"方法二"，注意在统计测试或发布版本的内容时不要真把它当成一个新特性。此外，不论使用哪种方法，如果将来因为业务原因要摘除这个特性，注意得把与该特性相关的所有改动都摘除。

而如果采用的分支模式是有短期集成分支的早分叉模式，那么最好是使用"方法三"，在原特性分支上修复缺陷。这样，如果将来因为业务原因要摘除这个特性，只要简单地把其他特性分支合并到新的集成发布分支就好了。将来等这个特性发布时机成熟了，只要把这一个特性分支合并到相应的集成发布分支即可。

14.5.4　紧急改动的生效方式：紧急发布

在紧急发布时，该发布通常只包括一个紧急的特性，比如一个紧急问题的修复或者一个紧急的新功能，这是我们在第 13 章中讲过的内容。这里我们将讨论紧急发布对应的分支策略。

用于紧急发布的集成发布分支必须从最新的已发布版本中拉出，它不能基于任何其他的集成发布分支，不然会带上除要紧急发布的特性之外的其他内容。不论采用的是晚分叉模式还是早分叉模式，紧急发布分支都得这么安排。

以 Git Flow 为例，长期存在的 develop 分支用于日常集成工作，每当要按部就班地发布新版本时，可能都会从 develop 分支拉出短期的 release 分支。如果一直这么按部就班地发布，那么代表最新已发布版本的 master 分支的价值其实也不是太大。然而，还有可能会遇到紧急发布的情况，需要从 master 分支的末端拉出 hotfix 分支，这时候 master 分支就很有价值了。

由于紧急发布分支拉出后，master 分支可能会发生变化，因此，为了防止本次紧急发布丢失上次发布的内容，紧急发布应像正常发布一样，在发布前自动检查确保它是基于 master 分支的。类似地，由于在某次正常发布前可能穿插进来一次紧急发布，所以紧急发布也应像正常发布一样，发布后自动合入 master 分支，并适时合入其他集成发布分支。

接下来介绍一下紧急发布分支与特性分支之间的关系。我们可以不为要紧急发布的特性单独拉出一个特性分支，并在这个特性分支上修改，而是就在紧急发布分支上修改，将改动直接提交到紧急发布分支，进而测试和发布。因为在紧急发布分支上一般也就只有一个特性，此时可以认为，紧急发布分支既是集成发布分支，又是特性分支。

14.6　避免引入问题

权限

现在，越来越多的企业内部放松了对代码库的权限的管理，让代码被尽量多的本企业的开发人员看到，以便排查问题、学习或复用。甚至可以让代码被尽量多的开发人员修改，鼓励共同建设和共享，而靠代码评审、合并请求、流水线、门禁等机制进行管理，保证质量。

当然，对于核心代码，还是应当有更多的限制和控制，并考虑对使用者的异常行为进行适当的监控。比如监控员工离职前的异常行为，看其是否克隆/检出了远超其实际工作需要的大量代码库。

第 15 章

构建

15.1 导论

15.1.1 构建的概念

构建是一个模糊的概念。人们提到构建时，根据当时场景的不同，它可能具有不同的含义。

在狭义上，它指的是对源代码进行加工转换，生成可执行程序的过程，或者是这个过程的一部分。以 C 语言为例，对每一个源代码文件进行编译，分别生成对应的目标文件，然后把这些目标文件链接在一起形成可执行文件。而在 Java 语言中，通过源代码生成供其他源代码构建时所依赖的静态库即 JAR 包，也属于构建。

进一步扩展，制作安装包，制作 Docker 镜像，通常也被纳入构建的含义中。有时我们打包的不是 C 语言这样的编译型语言的编译结果，而是 Python 语言这样的解释型语言的编译结果，或者是几个 SQL 脚本文件无须编译，但因为要打包，所以也统称为构建。

再进一步扩展，编译构建时"顺便"做的一系列自动化工作，比如代码扫描、单元测试，则被认为是广义的构建的一部分。甚至，只要是工具平台支持的，编排在一起一口气儿自动化完成的事情，都算作构建。这里所说的工具平台是指 Maven 这样的构建工具，以及 Jenkins 这样的流水线工具。

在本书中，我们所说的构建指的是狭义的构建，是指对源代码进行加工转换，生成可以运行或者供其他构建使用的制品的过程。也就是说，编译、打包、生成容器镜像、生成静态库都属于构建。但代码扫描、单元测试等活动，不属于本书中的构建的概念，而是属于测试。

而当我们提到构建流水线、构建环境时，构建指的是广义的构建，因为构建流水线、构建环境都是为了支持包括编译、打包在内的一系列自动化工作。典型的，还包括代码扫描和单元测试。

15.1.2 考查范围

本章考查狭义的构建，也就是根据源代码等内容进行编译、打包等，生成安装包、容器镜像、静态库等制品的过程。

这样的构建通常发生在部署并进行了测试之前，但也有其他一些情况。比如基于安卓系统的移动端应用，在测试后、发布前需要对 APK 包进行加固、混淆等构建操作；为适应各个第三方渠道，还可能需要进行更换 ICON 图标等构建操作。

本章不仅介绍在服务器端进行的通常作为流水线上的步骤的构建，而且介绍开发人员在提交代码改动前，通常在个人开发环境中进行的本地构建。

15.1.3 关注重点

构建首先要达到一些基本要求：支持在企业当前所使用的多种语言、多种操作系统上构建，并且构建具备可重复性。

在此基础之上，如何加快构建本身的速度，以及如何加快从获取源代码到构建再到部署的整个过程的速度，通常是要重点关注、持续优化的内容。

15.2 执行时机

操作对象的颗粒度：源代码的尺寸

通常以某个代码库中的全部源代码作为构建的输入，但有时一个代码库中包含多次构建所需的源代码，其中一次构建不需要这个代码库中的全部源代码。还有时对多个代码库中的源代码一起做一次构建，这时候仅以某个代码库中的全部源代码作为构建的输入是不够的。所以我们分开来讲代码库的尺寸和源代码的尺寸。在第 14 章中我们讨论了代码库的尺寸，这里我们将讨论构建所需的源代码的尺寸。

构建是把源代码转换为制品。如果源代码的尺寸很大，那么构建的时间就会很长。因此，要想办法减小作为输入的源代码的尺寸。

将大型的单体应用拆分成一系列微服务，于是构建每个微服务所需的源代码的尺寸就大大减小了，构建的速度会快很多。

然而，并不是只能通过压缩运行时的单个程序的大小来减小输入的源代码的尺寸。构建的输入不仅有源代码，还有静态库这样的构建中间产物。如果在生成目标制品所需的输入中源代码的尺寸减小了，静态库所包含的内容增加了，那么也会加速构建。

典型的，当一个移动端应用的尺寸比较大时，可以把它所对应的源代码拆分成若干模块，将所有模块都放到一个代码库中。构建分为两级：一级是模块的构建；一级是整个应用的构建。前者的输出是后者的输入。于是，当开发人员专注于某个模块上的新特性开发时，其只需要构建这个模块，然后简单地替换掉整个应用中的这个模块即可，而无须从头构建整个应用，构建速度得到了大大提高。当负责不同模块的开发小组分别提交它们的改动，以便做整个应用这一级的集成时，不再是源代码的提交或者源代码分支之间的合并，而是提交这个模块对应的制品的一个合适的版本。应用这一级的集成，就是把这些版本组合在一起形成整个应用，并做进一步的测试。所以也无须从头构建整个应用，构建速度也得到了大大提高。

这种方法的本质其实是构建复用——对于已经构建过的内容，不论是"自己"构建过的还是"别人"构建过的，都不必重新构建。在 15.3.2 节中将展开介绍构建复用。

当构建复用这个能力内化到构建工具本身时，就不再是分成模块、构建静态库、基于静态库构建整体系统这样显式的方式了，而是简单地把所有源代码作为输入，让构建工具自己来分析、存储和复用构建的各种阶段性成果。也就是说，当构建工具足够强时，也就不那么在意输入的源代码的尺寸了。

典型的，谷歌每次构建时都是基于那个几乎包含了其全部源代码的单根代码库的，而且还构建得飞快。原因之一是，构建工具在经过自动分析后，只下载和构建与本次改动相关的源代码。当然，这离不开版本控制工具的支持：可以只下载代码库中的部分源代码。

15.3 执行效率

15.3.1 工具辅助记录和展现：构建遇到的问题

不论是流水线上的构建还是本地 IDE 中的构建，当在构建日志中指出是哪个源文件的哪一行有问题，以及有什么问题时，实际上真的是那一行有问题，而不是语焉不详的表象。

除了指出问题，如果工具能够给出修改建议，甚至根据具体代码上下文给出修改建议，那就更好了。

不论是流水线上的构建还是本地 IDE 中的构建，在指出具体是哪个源文件的哪一行有问题后，应该可以点击前往 IDE 中的该文件并定位到这个位置，以方便查看和修改。此处 IDE 也可以是云 IDE。

15.3.2 快速执行：从全局视角提速构建

构建可以有多快？它可以是一眨眼的事儿。不少IDE都支持这样的能力：在调试过程中，修改少量源代码之后[1]，点击一个按钮，源代码就"立刻"生效了，运行中的程序继续执行时，执行的已经是修改后的源代码。

从道理上讲，构建就该这么快。既然只改了一点源代码，那么生成的二进制格式的可执行程序应该也只变化了一点儿，然后只要把运行中的程序局部更新就可以了。这就应该是一眨眼完成的。

然而到服务器端，就不是这样了，从构建到运行变成了一个漫长的过程。在极端情况下：

① 排队等待分配到一台合适的构建服务器。

② 下载全部源代码。

③ 全量构建。

④ 在构建过程中，分析并下载所有依赖的静态库。

⑤ 按照 Dockerfile 的描述，一步一步生成 Docker 镜像。

⑥ 将 Docker 镜像上传到制品库中。

⑦ 测试环境中的服务器从制品库下载新的 Docker 镜像版本。

⑧ 根据 Docker 镜像实例化 Docker 容器。

⑨ 在 Docker 容器中启动这个微服务。

通过对比可以看出，这里有很大的改进空间。例如：

• 提供充足的构建资源，避免排队。

• 不用下载全部源代码，而是只更新变化的部分。对于 Git，就是尽量避免执行"git clone"命令，尽量执行"git fetch"命令。

• 尽可能利用上次构建的中间成果，增量构建，而不是从头开始全量构建。可以借助版本控制工具获知改动了哪些代码。

• 构建所依赖的静态库应该在本机上缓存。

---

1 这里有一些特定的限制，比如只能修改函数或方法内部的逻辑，不能新增函数或方法。

- 考虑把安装包直接传送到测试环境中的服务器上，而不是通过制品库中转。如果需要存入制品库的话，则可以和部署并行，而不是让部署依赖它。
- 考虑构建环境与测试运行环境合一：在哪里构建，就在哪里运行。
- 考虑在运行环境中只下载更新安装包中变化的部分，而不是整个安装包。这被称作增量部署。
- 考虑在程序运行时"注入"对它的少量修改，而不是停止运行、替换、再次启动。

将类似的思路应用到 Docker 构建中时：

- 基础镜像等 Docker 镜像构建时的依赖应该在本机上缓存。
- 在 Dockerfile 中，可能只有最后一两步需要重新执行，其他都可以利用上次构建的成果。
- Docker 镜像在传输时，只传输变化的层。
- 考虑先把 Docker 镜像直接传送到测试环境中的服务器上，随后再上传到制品库中。
- 考虑不通过重新生成 Docker 镜像这种方式部署新版本，而是直接替换 Docker 容器中的程序。

以上是通过对 IDE 中调试时的构建和流水线上的构建进行对比，发现的可能存在的优化空间。此外，还有一些优化方向：

- 使用更好的硬件。由于构建需要频繁大量地读/写存储设备，所以硬盘 I/O 是一个关键因素，通常比 CPU 性能重要得多。考虑使用固态硬盘，而不是机械硬盘。另外，在构建时可能有不少内容如依赖组件等是从网络下载的，这些内容的下载速度也是一个重要因素。
- 控制每台机器上并行执行的构建任务的数量，因为过多的并行执行会使每个构建任务的执行速度明显变慢。
- 考虑并行处理，这是构建时常用的加速手段。在一个构建任务中，不同的源文件在多个线程或进程上分别并行编译，然后把结果链接在一起。构建工具本身通常能提供在一台机器上进行并行编译的能力，而进一步的优化是分布在多台机器上并行进行的，即所谓的分布式编译。
- 增量构建是使"自己"做过的事情避免再做。推而广之，对于"别人"做过的事情，争取复用。构建依赖的静态库体现了这个思路，沿着这个思路，还可以有更多的方法，做更多的优化。比如，如果某个源文件曾经被"别人"编译过，那么很有可能经过分析后确定不用再次编译，拿过来用就行了。
- 如果构建依赖的静态库来自公司外部，则可以考虑把它保存在公司内部的制品库中，以加快下载速度。

构建提速的终极目标是，在服务器端的流水线上也实现一眨眼就能完成构建并且看到运行效果。这貌似离我们当前的情况还很遥远，有各种具体技术上的困难。然而，既然在道理上能实现，那么就朝着这个目标努力吧！

15.3.3　规范可重复：构建的可重复性

构建的可重复性意味着，重复过去的某一次构建，构建的产出物在功能和效果上与上一次的产出物一样——它并不要求产出物的每一个字节都和上一次完全一样，因为产出物中可能包含时间戳等，它要求的是功能和效果完全一样。

那么，如何做到构建的可重复性呢？

源代码作为构建的原材料，要和上一次一样，这通常通过如下方法来实现：记录上一次构建的源代码的版本，比如提交 ID，然后按照这个提交 ID 取出相同内容的源代码。

构建的原材料还包括构建依赖的静态库，比如Maven构建时在pom.xml中指定的JAR包。这个地方容易出问题。Maven的SNAPSHOT型版本并不是一个定格的快照，而是浮动的、不断变化的，始终指向制品的特定版本中最近上传的那一个。如果直接或间接地指定SNAPSHOT型版本的JAR包，那么就不能保证下一次构建和这一次完全一样。开发人员进行联调时，这么做可能会带来方便，但对于送去做比较正式的测试并可能发布到生产环境中的制品，在构建时一般就不要使用类似于SNAPSHOT这样的内容会浮动、变化的版本来保证构建的可重复性 [1]，而是应该由自动机制来保证。

此外，如果是从不同的制品库中获取的依赖组件，那么即使版本号一样，其存储的实际内容也有可能不一样。一般应使用相同的制品库，比如在 Maven 中，通过在所有场景下都使用相同内容的 settings.xml 文件来保证这一点。

构建的原材料可能还包括构建依赖的源代码库和包，比如 Go 和 Rust 语言就得在构建的原材料中包括构建依赖的源代码库和包。与依赖制品的情况类似，也要保证记录下依赖的精确版本。

以上是对构建的输入进行的分析。构建过程也要和上一次相同。首先，构建所使用的各种工具的版本要一致，至少是大版本要一致。以 Maven 构建为例，不仅 Maven 本身的版本要一致，而且 JDK 的版本也要一致，因为 JDK 中有基础的 Java 编译器和打包工具。

1　理论上还有一种方法：总是记录 SNAPSHOT 型版本究竟指向了哪个版本，并且可以在再次构建时指定使用这个版本。

其次，构建描述文件也要一样。比如 Maven 的 pom.xml、Make 的 Makefile，一般把它们和源代码放在一起，以保证相同的源代码版本总是会使用相同的构建描述文件。

最后，构建的命令行及其参数也要一样。它一般被记录在流水线配置中。

构建发生在流水线上的构建环境中，也发生在个人开发环境中，这两种环境中的构建也要具有一致性。上述各个角度的分析也要考虑到这一点。

第 16 章

构建环境管理

16.1　导论

16.1.1　考查范围

　　构建环境是指进行构建以及执行代码扫描、单元测试等不需要运行环境的自动化测试的环境。在构建流水线上进行这些活动时，显然需要这样的环境——通常在创建或分配这样的一个环境后，不中断地完成一系列自动化活动。既然构建环境和流水线紧密相关，那么管理构建环境的功能通常是流水线平台自带的功能。

　　而开发人员的个人开发环境，无论是在本地还是在云端，除在其中编写代码外，也会进行构建、代码扫描、单元测试等活动，所以它也是一个构建环境，也需要管理。此外，个人开发环境还是一个测试运行环境，所以第 19 章中介绍的内容仍然和个人开发环境有关。

16.1.2　关注重点

　　速度是最重要的关注点，为此要提供充足的构建环境资源，避免在进行构建、单元测试、代码扫描时排队等待，并通过各种缓存加快这些活动的执行速度。与此同时，兼顾资源成本，采用资源池化的方法提高资源利用率。

16.2　执行效率

16.2.1　规范可重复：构建环境标准化

　　对构建环境的支持和管理，首先需要实现构建环境的标准化，以支持构建的可重复性。为此主要有三类方法。

第一类方法，使用镜像。考虑将流水线上服务器端的构建环境做成容器镜像，镜像中包含了构建等活动所需的在本机上运行的有特定名称和版本的工具软件，以及与工具相关的配置。以 Maven 构建为例，镜像中不仅包含 Maven 和 JDK，还包含 Maven 的配置文件 settings.xml。这样一来，使用容器镜像创建的容器实例，作为构建环境是标准的。类似地，使用虚拟机的镜像来创建虚拟机，也可以方便地获得标准的构建环境。

公司级的提供构建环境支持的团队，只负责维护少数几个标准的构建环境镜像。如果个别开发团队确有特殊需求，则可以由该开发团队来提供其所需的构建环境镜像。

开发人员的个人开发环境，特别是像云桌面这样的云端个人开发环境，也应考虑使用类似于容器镜像、虚拟机镜像这样的模板方式来创建，以保证其标准化。

第二类方法，自动化创建。例如，每一台用于构建的服务器，都通过一个脚本来自动初始化——安装各种相关的工具软件，并自动完成配置。当构建环境难以使用镜像创建时，可以考虑使用这类方法。典型的，如构建 iOS 应用的构建环境就难以使用容器镜像、虚拟机镜像等方式。

第三类方法，使用文档。这是兜底的方法。把创建和配置构建环境的方法写在 Wiki 中，然后严格按照 Wiki 中的标准步骤一步一步地创建构建环境。当构建环境需要升级时，再按照相关电子邮件中的指示升级具体内容。这类方法用在开发人员的个人开发环境的创建和维护上，还可以接受。而流水线上服务器端的构建环境，则应该用第一类或第二类方法自动创建。

16.2.2　资源复用：构建环境资源池化

如果为每一条构建流水线都分配一个固定的构建环境，那么这个固定的构建环境在绝大部分时间都是空闲的，这从资源利用的角度来讲相当不划算。

据此进行改进，为 *N* 条构建流水线分配同一个固定的构建环境行不行呢？如果这样做的话，空闲时间倒是变少了，从资源利用的角度来讲确实改善了很多。然而，这可能会造成不同流水线之间需要相互等待，为此排队。[1]

1　其实即便为每一条构建流水线都分配一个固定的构建环境，也有可能需要等待和排队。具体来说，有些时候会希望一条流水线上的多个运行实例同时运行。比如，一次构建需要 5 分钟，第一个提交触发了构建，过了 3 分钟后，又有一个提交，此时最好是立刻启动一条新的流水线运行实例，与刚刚启动的流水线运行实例并行运行。而此时如果这条构建流水线只对应一个固定的构建环境，那么也需要等待，等这个构建环境空闲了，才可以启动该流水线再次运行。

如果只顾着资源充分利用，则排队现象就会增多；如果只顾着避免排队，则很多资源就会经常空闲，造成浪费。这真是"按下葫芦浮起瓢"啊！那么有没有更好的解决方法呢？有的，实现构建环境资源池化。

资源池化的基本思路是，流水线与构建资源之间的对应关系并不是（完全）固定的。当有一条流水线上有新的运行实例要运行时，按一定的算法动态分配给它构建资源。等运行完毕后，再回收该构建资源。由于有很多条流水线，哪条流水线何时运行（近乎）随机，这种动态分配的方法既能够充分利用资源，又能够防止等待排队。事实上，这是把云计算的关键思路——通过资源云化、动态分配来充分利用资源——应用到了构建环境资源的管理上。

这样的资源池子越大越好，越大越能有效地平抑统计上的涨落。如果只是三五台机器的小池子，那么肯定没有把全公司的构建资源都用一个池子集中管理的效果好。

那么，如何实现资源池化呢？考虑在每台构建机上限制并行构建的数量[1]。当一条流水线上有新的运行实例要运行时，根据一定的算法动态分配给它一台不会突破并行构建数量限制的构建机。而当使用容器作为构建环境时，一个容器上最多运行一个构建实例。当一条流水线上有新的运行实例要运行时，根据一定的算法动态分配给它一个空闲的容器，在流水线构建结束后，再把这个容器回收到资源池中。

构建环境资源池化好是好，但要注意它对构建速度的影响。如果做不好的话，从统计上看，在资源总量不变的情况下，构建速度可能比没有池化的时候更慢了。具体情况，我们将在下面的两节中进行分析。

16.2.3　快速执行：保障随时有构建资源可分配

在构建环境资源池化后，构建不再总是在一台固定的机器上进行，于是一些准备工作就要重新做、一些缓存机制就会失效。这些如果忽视不管的话，将导致构建速度变慢。

现在我们来看看构建环境的准备。想象一下，如果在每次构建前，都要先在一台只有操作系统的机器上安装与构建相关的各种工具，或者先用虚拟机镜像生成供构建使用的虚拟机，那是不是很没效率，甚至有些奇怪？构建资源本身应该提前准备好，在每次构建之前要做的事情应该是分配构建资源，而不是创建构建资源。

这么明显的事情，在使用容器作为构建资源时经常被人忽略——经常是在流水线启动时，

1　根据单个构建实例的执行时间和资源利用率两个因素共同确定并行构建数量的上限，其中更注重前者。也有些技术栈难以做到在一台构建机上同时执行多个构建任务，比如 iOS 应用的构建。

才根据容器镜像生成一个容器供构建使用。等流水线运行完毕后，又把容器给销毁了。每次流水线运行时都要先生成容器，很浪费时间。

这种情况有时会被改进成：等流水线运行完毕后，把容器保留一段时间，没人用时再销毁。这确实是一个改进，但仍然不够好——既然销毁了，那么下次需要时还是得费时间重新创建。

我们的目标是，总有构建资源空闲，随时可分配。所以应该让构建资源本身总是保持一定的剩余。比如当前用于 C 语言构建的容器有 10 个活跃的，那么就再维持 2 个空闲的，一共 12 个。如果活跃的变成了 11 个，那么就再创建 1 个新的，始终保持至少有 2 个空闲的，随时可以用。在同一个构建服务器集群中，为不同构建类型服务的不同类型的容器，都是用这种方式管理的。

16.2.4　快速执行：保障构建所需的缓存

构建靠各种缓存加速。当构建不再总是在一台固定的机器上进行时，要保证这些缓存机制（在绝大多数时间）仍然起作用。

这里有两种典型的缓存：一是对构建所依赖的静态库的本机缓存，比如使用 Maven 构建时，本机上的.m2 目录；二是对构建所需源代码的缓存，比如使用 Git 时，本机的.git 目录及其检出的源代码（下文简称本机 Git 库）。如果换了一台机器、换了一个容器，缓存可能就没了。

那么，如何解决这类缓存问题呢？一般有如下方法可以考虑：

- 尽量使用上一次构建/以往构建用过的构建资源实例。如果用过的资源实例当前被占用了或者饱和了，再换别的资源实例。这包括可以同时容纳多个构建实例并行运行的构建服务器，也包括通常只容纳一个构建任务的容器。
- 如果是容器的话，则把.m2 目录、本机 Git 库放在容器所在的服务器上，以卷的形式挂载到容器上。这样一来，只要用的还是这台服务器上的容器，即使换了容器，缓存也仍然可以用。
- 使用 NAS 等技术，把缓存放在可以快速读取的公共区域，而不是放在构建所在的服务器/容器上。在构建时将缓存挂载到构建服务器/容器上，即便换了服务器/容器，缓存也仍然可以用。

注意，不同的缓存内容处理起来也有区别。比如.m2 目录是可以与若干个构建实例同时使用的，只要保证在构建时不往.m2 目录中写东西就行，.m2 目录只从制品库下载制品；而本机 Git 库在某一时刻只能供某个构建实例使用。

第 17 章

制品管理

17.1 导论

17.1.1 制品的概念

制品（Artifact）也是一个在不同上下文中含义差异很大的概念，容易各说各话。所以在这里我们先要明确概念。

制品最广义的概念，包括软件开发过程中所有的"东西"，架构模型、源代码、可执行文件、各类文档都是制品。RUP（Rational Unified Process，Rational 统一软件开发过程）采用的就是这个定义。本书不采用这个意义上的制品的概念。

比这个范围小一些的较广义的制品的概念认为，制品就是生成物，就是对源代码、配置等"原生"内容进行加工处理的输出，包括可执行文件、构建中间产物，也包括测试报告、构建日志。"原生"内容要被纳入版本控制中，记录历史，比对具体的内容差异。而这些加工处理产生的生成物，也要进行适当存储，并且能方便地找到它们，但一般不会直接比对不同"版本"之间的内容差异，而是找到对应的"源代码"进行比对。

而狭义的制品的概念，只关心从源代码构建得到的将来用于安装部署的东西，比如安装包、Docker 镜像，以及构建的中间产物，主要指静态库。测试报告不在此列，因为它是与测试相关的内容；构建日志也不在此列，因为它只用于记录过程，而不用于构建。

狭义的制品，通常有名称、版本，并且经常根据名称和版本来直接获取制品，而不是必须根据某次构建、某次测试、某次流水线运行记录来找到相应的制品。因为想使用构建产物的人，可能并不关心产生它的过程本身。这个意义上的制品，应被纳入独立于构建工具、测试工具、流水线工具的制品库进行管理——即使这个制品库就是一个 FTP 服务再加上一些规范约定。

相比之下，一些较广义的制品也可以被存放到制品库中，但不是必需的，如构建日志、测试报告，通过构建工具、测试工具、流水线工具做好备份，妥善存储，并且能够从某次构建、某次测试、某次流水线运行记录中顺藤摸瓜获取到，也就可以了。

17.1.2　考查范围

本章重点考查狭义的制品如何被纳入制品库中进行管理。对制品库的考查意味着，如果把测试报告、构建日志等生成物也存放在制品库里中，那么它们也将被考查。然而，对于不属于狭义的制品的内容，我们并不会特别地把其中的某一种单独拎出来考查，比如不会把测试报告单独拎出来考查，看它是否放入了制品库中或者用其他方式妥善保存了。像这类针对特定内容的分析，将在分析特定的细分领域时考查，是从细分领域的"工具辅助记录和展现"这个关注角度进行考查的。

17.1.3　关注重点

各种类型的制品、名称众多的制品、一个制品的众多版本，它们以什么样的结构存储在制品库中，是需要认真设计的。

17.2　执行时机

操作对象的颗粒度：制品的尺寸

代码库的尺寸不宜过大，构建时输入的源代码的尺寸不宜过大，这是我们前面讲过的内容。类似地，作为构建的结果，制品的尺寸也不宜过大。如果制品的尺寸过大，则将有如下几个方面的不利影响：

- 传输制品的时间较长。
- 在制品库中存储制品的空间耗费较多。
- 制品运行时耗费的内存等资源较多。
- 在生产环境中，随着用户使用量的增长，可能只是一个制品中的部分功能需要扩容，但是不得不把一个制品作为整体扩容，造成了浪费。

那么，如何降低制品的尺寸？从根儿上说，还是要做好软件架构工作，我们追求的是细粒度、低耦合、可复用的软件架构，尽量采用微服务的方式而不是大型的单体应用。

把一个制品拆分为部署在同一台机器上的若干个制品，也会对减少传输制品时长、降低存储空间耗费、降低运行时内存耗费有所帮助。一是因为每次更新时，可能只需要更新部分上层制品；二是因为部分底层制品可能供若干个上层制品复用，典型的如以动态库的形式存在的底层制品。Docker 镜像的内建分层机制在本质上也有类似的作用。

此外，还可以再排查一下，构建打包制作制品时有没有混入无用的内容，如果混入了有没有办法去掉。比如在构建一个程序时，作为输入的静态库中包含了很多方法和函数，它们在这个程序运行时肯定不会都被调用到，那么有没有一种方法，能够避免那些不会被调用到的方法和函数也进入制品中呢？

17.3　执行效果

17.3.1　覆盖范围：外来制品

在开发建设一个软件系统时，可能会用到来自公司外部的制品，特别是构建时依赖的静态库。使用什么样的方案，选择哪些静态库，这都需要从软件架构的角度进行仔细思考和权衡，并经过适当的评审流程，同时还要注意开源许可证是否合适。

这些都很重要，但它们不是本节的重点，本节讨论的重点是，这些制品需要被纳入公司内部的制品库中进行管理吗？

一般来说，外来制品应当被存入组织内部的制品库中。原因有这么几个：一是只存放在外部可能不太可靠，说不定哪天就没了；二是保证安全，外来制品在内部制品库缓冲区进行安全扫描后，才能被正式使用；三是访问速度慢；四是外来制品可能会被频繁地下载到个人开发环境中和构建服务器上，如果总是从外部下载，则挺费流量的。

17.3.2　覆盖范围：工具和基础软件

构建输出的制品，或者构建时作为输入的制品，肯定应该被放入制品库中。此外，开发、集成、测试、交付、运维整条工具链中的各种工具，以及构建环境与运行环境中的各种基础软件的安装包和配置文件（比如 Maven 的 settings.xml），也应当被统一管理起来，避免新员工去外网搜索和下载，或者开发人员之间来回复制。这些制品可以被纳入存放构建输入/输出的制品的制品库中，也可以被简单地存放在 FTP 服务上，甚至作为 Wiki 附件。只要能妥善地存储、方便地下载，就能解决问题。重要的是，当新人搭建自己的个人开发环境时，根据搭建说明文档，能从公司内部统一的地方获取这些制品，这样的话就不会弄错版本，下载速度快，节省外网流量，而且肯定没病毒。

17.4　执行效率

17.4.1　执行效率度量

制品管理工具的执行效率主要体现在三个场景下的执行速度上：

- 构建时，构建所依赖的制品的下载速度，比如下载静态库的速度。
- 构建后，构建生成的制品的上传速度，比如上传安装包的速度。
- 部署时，下载部署内容的速度，比如下载安装包的速度。

在 17.4.4 节中将讲解如何加速。

17.4.2　工具辅助记录和展现：制品的属性信息

每个制品（对应 Maven 中的一个 groupId + artifactID）的每个版本（对应 Maven 中的一个 version）都有若干辅助信息需要记录。典型的，如构建流水线的执行实例链接、源代码版本、生成时间、安装时需要先安装什么制品、质量级别等。那么，如何记录这些信息呢？

一类方法是靠制品本身记录这些信息。比如在打包生成制品时，往里面放入一个特定格式的文件，该文件中包含了关于这个制品的若干信息，一般是以键值对的形式记录的。或者像 RPM 那样，制品这个文件本身有一定的格式，在实质内容之前，在文件头部写入若干属性信息。这类方法的优点是，只要拿到了制品，就能得到相关的信息；缺点是解析起来稍慢，因为需要先拿到制品。此外，如果制品的某些属性信息是随着时间变化的，比如在第 12 章中讲过的制品晋级，就很难实现了。

另一类方法是集中在一个地方记录这些信息，这个地方通常就是制品库。制品库不仅用于存储制品本身，也用来存储制品的属性信息，通常以键值对的形式存储。这类方法的优缺点刚好与第一类方法相反——优点是获取信息快，而且信息可以随时间变化；弱点是即使手里有制品，但是如果不能访问这个系统，也看不到属性信息。

有时也会把这两类方法结合起来使用——先把一些属性信息写进制品本身，然后当把制品上传到制品库时，制品库读取这些信息。此后，访问制品库就能立刻获得这些信息，而当制品脱离制品库流转时，也仍然能够从制品本身解析到这些信息。当然，当制品信息有变化时，就无法从过去下载的制品中获得最新情况了。

17.4.3　工具间集成：源代码、构建、制品之间的关联

源代码的特定版本，经过构建流水线的一次运行，产生了制品的特定版本。可见，这三条记录之间存在关联关系。那么，该如何记录这样的关联关系呢？

兵来将挡，水来土掩。常见的做法是从任意一条记录出发，都能前往另外两条记录。

- 从构建流水线的一次运行到相应的源代码版本：在构建流水线的一次运行的记录中，应该记录了相应的源代码版本，并且可以点击前往查看该版本内容。
- 从构建流水线的一次运行到相应的制品版本：在构建流水线的一次运行的记录中，应该记录了相应的制品版本，并且可以点击前往查看该版本属性信息，或者下载该制品。
- 从源代码特定版本到构建流水线的一次运行：这个有点麻烦，一般是通过查看各条流水线运行记录中对应的源代码版本，来找到使用这个源代码版本的流水线的。
- 从源代码特定版本到相应的制品版本：用上面的方法找到流水线运行记录，进而前往相应的制品版本。或者，如果源代码上有版本标签，则可以通过这个版本标签到制品库中找同样版本号的制品。
- 从制品版本到源代码版本：制品版本的某个属性中包含了源代码的版本，可以点击前往查看。或者，该制品版本的版本号在代码库中有同名的版本标签。
- 从制品版本到构建流水线的一次运行：制品版本的某个属性中包含了指向该次构建的链接，可以点击前往查看。

细琢磨这件事情，其实也可以统一在一个地方以规范的形式记录三者的关联关系，于是不论想根据什么查什么，总是可以通过这个系统快速查到。

更严格地讲，构建的输入不仅包含源代码，也包含静态库等制品，它们一起构建产生了新的制品。所以说上述关联关系其实可以更丰富，并且这将导致递归：一次构建时使用的静态库，是另一次构建产生的，而另一次构建又可能使用了其他静态库。在第 24 章中将对此进行更多的介绍。

17.4.4　快速执行：快速存取

为提高制品的下载和上传的速度，可以考虑：

- 使用更好的硬件，以获得更快的磁盘读/写速度和网络传输速度。
- 在构建服务器上建立构建依赖内容的缓存。
- 在运行服务器上建立部署内容的缓存。这在生产环境版本回滚时特别有用。
- 在生产环境部署时，如果要把某个安装包或镜像传输到众多服务器上，则可以考虑采用 P2P、多级分发等技术或方法加速分发。

而考虑从源代码到制品再到部署的整体速度的优化时，还有一些方向和思路，请参见第 15 章中的讨论。

17.4.5　资源复用：不重复存储

将 Docker 镜像存储在制品库中或者存储在本地时，会尽可能让不同镜像的相同内容只存储一份。具体机制是，一个 Docker 镜像是由从下往上的若干层叠加而来的，其中越靠下的层，越有可能是其他 Docker 镜像也包含的，或者是本 Docker 镜像的其他版本也包含的，所以只存储一份就可以了。

还有一个体现不重复存储的地方是，有时可能有多个逻辑上不同的版本标识，都指向了同一个物理上的制品版本。比如初始时这个版本是用 123456 这样的构建顺序号来标识的，后来它被选中送去测试时，又被标识为 20-05-02，即表示 2020 年第 5 次迭代第 2 次送测的版本。若通过了测试准备发布，又被标识为 20-05，即表示 2020 年第 5 次迭代的发布版本。尽管 123456、20-05-02、20-05 是不同的三个版本号，但其实它们指向同一个物理上的实体，所以这个物理上的实体不应该在制品库的磁盘上存储三份。

每个制品都应该被存储在一个制品库中，而不是多个制品库中。不论何时何地构建，都应该从统一的一个制品库中获取特定制品，以保证构建的可重复性，这是我们前面讲过的内容。此外，有些公司由于生产网和测试网是隔离的，于是做出两个制品库，分别位于两个网中，持续同步二者的差异，并校验防止任何不一致的情况发生。对于这种方式，最好是能改成只用一个制品库，然后建立特定通道，让两个网都可以访问它。这样一来，不但可以降低存储空间的消耗，而且方案简单，不容易出现不一致的问题。此时要特别注意两件事情：一是是否满足关于开发与生产严格隔离的监管合规要求；二是由于是同一个制品库，相应的账号和 IP 地址访问权限要管理好，防止绕开管控手段直接从生产网获取内部制品、内部版本的情况发生。

17.4.6　规范可重复：管理众多制品

在第 14 章中，我们从"规范可重复"这个考查角度，分别讨论了如何使用版本控制服务管理众多代码库、每个代码库的目录结构和内容，以及如何标识每个代码库里的各个版本等内容。本章我们将讨论制品管理，内容包括如何通过制品库管理众多制品、如何标识每个制品的各个版本、如何标识静态库的版本、制品清理策略等。

为管理众多制品，每个制品都应该有名称，这个名称在一个命名空间里应该是唯一的。例如，如果按制品类型分类，类型下面是制品名称，那么在特定类型（如 Maven 构建依赖的 JAR 包）中制品名称必须是唯一的；如果在制品类型下面再按部门、产品线、子系统等进行分类，这些分类下面是制品名称，那么在一个部门、一条产品线、一个子系统内，制品名称必须是唯一的。在定位一个制品时，写清制品类型、部门、制品名称，就能在按层级结构组织的制品库中找到这个制品。

有时制品名称也采用多段式，不同段之间用下画线、短横线等特定字符相连，这样制品名称本身也就体现了一定的层级结构。

注意，不同类型和来源的制品，其存储结构和管理方式或多或少有些不同。比如作为静态库的 JAR 包，通常直接使用 Maven 坐标的层级结构来存储，还会使用 Maven 特有的 SNAPSHOT 型版本。当它是外来制品时，就按其原 Maven 坐标或进行简单变换来存储；而如果是 Docker 镜像，就会用到 Docker 镜像名称和版本标签，包括 latest 标签。

17.4.7　规范可重复：标识制品版本

关于版本号本身的命名，我们在第 14 章中讨论过。下面讨论如何通过版本号标识制品。

在代码库中每次提交时都会自然产生一个 commit，必要时可以在 commit 上打上版本标签。制品的版本标识也可以采用类似的思路：当制品的特定版本初次存入制品库时，给它一个没有多少语义的标识，比如产生这个制品版本的源代码分支名称加上顺序号。等将来送它去测试、去灰度发布、去正式发布时，再给它打上语义丰富的版本号，比如体现出是供第几次迭代的第几次测试用的版本号。如前文所述，制品库应该具备这样的能力：无意义的标识和有语义的版本号都指向物理上相同的一个制品版本，而不需要再复制并存储一份。

在代码库中使用分支来标识一条不断演进的线索。类似地，在制品库中也可以使用浮动的标识来总是指向一条不断演进的线索的最新版本。典型的，如 Maven 中的 SNAPSHOT 型版本标识就总是指向特定版本号的最新版本，而 Docker 镜像的 latest 版本标签总是指向该镜像的最新版本。

17.4.8　规范可重复：标识静态库版本

在第 13 章中，我们讲过静态库的三种典型情况：其一是静态库本身提供了某种基础功能，供众多程序使用；其二是众多静态库组成了一个单体应用；其三是静态库与一个微服务相伴相生，体现了这个微服务的接口定义。下面我们来介绍如何标识静态库版本。

第一种情况，对静态库独立进行集成、测试、发布，其中的发布是指"对内"发布，意味着众多程序都可以使用它。因此，它的版本号命名规则多采用三段式、四段式等经典方式。在制品库中，用这样的有语义的版本号指向刚上传制品时标识它的无语义的版本号。

第二种情况，静态库本身没有发布的概念，集成和发布是整个单体应用这个层面的。所以在每个静态库中，在集成发布分支如 rel-1.x 上产生的每个版本，都用无语义的版本号如 1.x-1234 标识就好，并用 1.x-latest 这样的"指针"指向它。没错，这个"指针"会移动，总是指向 rel-1.x 分支上的最新版本。然后在整体集成时，根据规则，取各个静态库上的 1.x-latest 之类的"指针"当前指向的版本，并记录下来实际的版本组合关系。比如，最终发布版本 1.3.2 对应着整体版本 1.x-56789，该整体版本由静态库 A 的 1.x-1234 版、静态库 B 的 1.x-2345 版、静态库 C 的 1.x-3456 版组合而成。

假定某个特性涉及多个静态库，比如 feature-1 涉及 A、B、C 三个静态库，其源代码分别位于三个代码库中。如果想在特性改动提交前就对这个特性进行测试，那么在各代码库中相应的同名特性分支上构建得到的静态库 A、B、C 的版本，可以分别记作 feature-1-lastest 之类的，代表着该特性分支上的最新版本。而在构建整体应用时，就分别取各静态库的 feature-1-latest 版本，构建产生整体应用，然后进行测试。

由于 feature-1 这个特性不一定涉及构建整体应用所需的所有静态库，所以只要改动其中的若干个静态库就可以了，如改动 A、B 两个静态库，未改动的静态库 C 当然就没有 feature-1-latest 版了。那么，为 feature-1 做应用整体构建时，静态库 C 取最新已发布版本就可以了。在整体应用的集成过程中做整体构建时与之类似，对于上次发布后未修改的（准确地讲，是无须构建的）静态库，就取上次整体发布时对应的版本就好了。

第三种情况，比如微服务 A 和静态库 A 的源代码通常在一个代码库 A 中，所以在源代码上标识的版本总是一样的。假定 feature-1 特性同时涉及微服务 A 和调用微服务 A 的微服务 B 上的改动，在代码库 A、B 中分别拉出了 feature-1 分支。

在该特性还没有提交时，如果想要测试它，那么构建的过程是：产生静态库 A 的 feature-1-latest 版，产生微服务 A 和微服务 B 的 feature-1-latest 版，然后向测试环境中分别部署微服务 A 和微服务 B 的 feature-1-latest 版。

而在集成时，构建的过程是：产生静态库 A 的 int-latest 版，产生微服务 A 和微服务 B 的 int-latest 版，然后向测试环境中分别部署微服务 A 和微服务 B 的 int-latest 版。当然，系统也偷偷记下了，微服务 A 的 int-latest 版实际上是 int-12345 版，微服务 B 的 int-latest 版实际上是 int-23456 版，它们都基于静态库 A 的 int-12345 版。

17.4.9　规范可重复：制品清理策略

如果制品库中所有的制品版本都不清理，任由它们堆积，那么制品库会膨胀得很快，耗费大量的存储资源。所以我们应该制定适当的制品旧版本清理策略，清理掉已经没什么用的制品，释放空间。

一般来说，晋升到越高级别的制品越重要，值得保留的时间就越长。而对于有特殊需求的版本，则应该可以手工标识，不要清理。

最后，这样的制品清理策略应该是自动执行的。

17.5　问题处理效率

便捷回退

对于已发布但是发现了严重问题的制品版本，应该适当标识，防止它被使用——对于微服务等可运行的程序，这意味着有一定机制防止它被再次安装部署；对于静态库等构建中间产物，这意味着有一定机制防止它被继续用作构建的输入。

17.6　避免引入问题

权限

一般来讲，应当开放制品库的读权限给公司内部所有开发人员，否则需要针对不同的制品分别申请权限，那实在是太麻烦了。而制品库的写权限则应当收紧，原则上只能通过流水线等工具平台将其产生的制品上传到制品库。外来制品，包括软件开发工具的安装包，则应该在经过某种流程批准后才能自动上传到制品库，或者至少由专人上传到制品库。

第 18 章

部署

18.1 导论

18.1.1 部署单元的概念

在前面的章节中介绍部署时，我们提到了微服务、大型单体应用、移动端应用，但是也不能每一次讲部署时都同时提到它们，否则太麻烦了。而如果只提到一个也不太好，有以偏概全的嫌疑。所以最好有一个整体的概念能够概括它们，概括各种情况。

不论微服务有多小，大型单体应用有多大，它们都是一个单元。这个单元的核心是一个运行中的程序，周边是支持其运行的本机环境，并且连接到数据库、消息中间件等网络服务的配置。我们把这样的单元叫作部署单元。

通常是多个部署单元一起构成了整体系统，或者构成系统中相对独立的一个组成部分。而有时整个软件就是一个部署单元，比如在服务器端部署的单体应用、类似于 Microsoft Office 这样的在个人计算机上安装的应用、类似于单机版游戏这样的在移动端安装的应用，等等。

在同一个运行环境如生产环境中，一个部署单元通常有多个运行实例同时在运行，它们可能位于不同的实体机或虚拟机上，也可能是一台机器上不同的容器实例。这些运行实例的版本可能一致也可能不一致，后者一般发生在版本升级的过程中。

很多企业都意识到需要一个类似于部署单元的概念。在不同的企业中，大家用不同的词来承载这一概念，其中有不少企业管它叫"应用"。但是由于本书的覆盖范围不仅包括上层应用软件的交付，也包括底层基础软件的交付，所以本书中"应用"有太多的含义，为避免混淆，本书没有采用"应用"这个词。也有些企业称呼它为"发布单元"，本书取其中的"单元"这个词，不论部署到哪个环境中，也不论是否发布，都是以此为最小单元来管理的。

18.1.2　考查范围

在本章中，我们将围绕一个部署单元中主体程序的部署展开讨论，包括它的初次部署和版本升级、回滚。而其他内容如本机运行环境、各类配置、数据库结构与内容等事项的管理工作，我们将分别在后面几章中介绍。当然，如果本机运行环境总是随主体程序一起，以容器镜像的方式部署，那么在本章中考查的部署行为也就包含了本机运行环境的部署。

本章讨论的部署，包括部署到各个运行环境，如生产环境、预生产环境、各类测试环境，以及开发人员本地的个人开发环境。当然，后者不是考查重点，基本上只要能便捷完成就行了。而对于需要在客户/用户侧安装和升级的软件，这个安装和升级的过程也在考查范围内。

18.1.3　关注重点

还没做到完全自动化和自主操作的团队，应该把完全自动化和自主操作定为首要目标。也就是说，要做到部署时只需要点击按钮就行，而不是登录到各台服务器去运行脚本，即便是生产环境，也是由开发人员而非运维人员操作部署的。而对于需要在客户/用户侧安装和升级的软件，则应该追求让安装和升级的过程足够简单，以至于无须派遣一线交付人员，用户自己就可以完成。

18.2　执行效果

环境一致性：用相同方式部署

测试环境的部署和生产环境的部署要使用相同的方式，比如使用相同的部署工具、部署脚本；比如要么都用 Docker + Kubernetes 方案，要么都不用。这样才能让测试环境的部署尽可能接近生产环境的部署，测试环境尽可能接近生产环境，那么生产环境及其部署时可能遇到的问题，在测试环境中就会暴露出来。

测试环境与生产环境的部署差异，往往是因为两类环境由不同团队负责造成的——运维部门负责生产环境的搭建和维护，测试部门负责测试环境的搭建和维护。更好的职责划分方式应该是由统一的部门负责系统运维工作，管理所有"正式"环境的基础资源、基础设施、运维工具，供各个团队使用。而具体为每个项目、每个模块所做的配置和执行的操作，也就是常称为应用运维的部分，则由各个开发团队自主完成。

本节中所说的测试环境，不包括开发人员的个人开发环境。部署到个人开发环境，不必追求和上述"正式"环境的部署方式一致，而应该是怎么方便、怎么快怎么来，因为这个部署实在是太频繁了。

18.3　执行效率

18.3.1　自动执行：完全自动化

为部署一个新版本，登录服务器，执行一个脚本，执行完成后，通过观察没发现问题，再执行另一个脚本；一台服务器做完了，再做另一台。这样的方式虽然也是一定程度的自动化，但还不够。

我们的目标是通过点击一个按钮，就能让部署工具平台自动完成整套工作。典型的，如在每台目标服务器上自动去掉监控、切掉流量、把新版本的安装包复制过来、停止原程序运行、启动新版程序、访问特定网址确认已成功启动、导入流量、恢复监控，工具自动分期分批地在所有目标服务器上执行这样的步骤序列。

当然，在生产环境部署时，可以设置人工检查点，比如部署到首批服务器后，停顿下来看看情况，人工确认没问题了，再继续分批部署到其余的服务器。

18.3.2　工具间集成：以部署单元为核心对象

当我们讨论与源代码相关的事情时，总是以代码库为核心对象——创建、克隆或者检出一个代码库，并管理它的访问权限；在代码库的不同分支上工作，产生不同的版本；以代码库为输入进行构建、代码扫描、单元测试等活动；代码库有某种层级结构。

而当我们讨论与部署运行相关的事情时，就要转移到以部署单元为核心对象上：

- 完成部署单元中主体程序的部署，也就是本章讨论的主题。在某个运行环境中，需要配置把这个部署单元部署到哪些机器上[1]，每台机器应该按什么步骤以及按什么样的策略部署等。在实际部署前，再指定把程序的哪个版本部署到特定运行环境中的这个部署单元上。

1　当然，也可能无须指定具体机器，由 Kubernetes 这样的容器编排工具自行管理和分配容器。甚至无须指定要部署的机器/容器的具体数量，根据负载情况自动扩缩容。

- 从环境配置的角度来讲,要配置好这个部署单元的本机运行环境——不论是用 Ansible 之类的工具还是用容器镜像方式。进而要配置好这个部署单元与其他部署单元及中间件等基础服务的连接协作方式,让这个部署单元能够在整体环境中运行起来。最后,每个部署单元的特定版本一起组成了运行中的整体系统。
- 我们常常把数据库中的数据表也归到特定的部署单元名下,只有该部署单元才能修改表中的数据,甚至只有它才可以读取表中的数据。
- 在测试环境中测试时,通常把某个部署单元作为被测对象,比如一组测试用例是针对某个部署单元所提供的所有接口进行测试的,在该部署单元的集成发布流水线中就要运行这组测试用例。
- 从流程的角度来讲,整个集成、测试、发布流程的基本单元是部署单元,最终发布这个部署单元的新版本。流程中的角色和人员,也被分配到特定的部署单元下。
- 在生产环境中,要为这个部署单元配置一定的监控。在告警时,报告的是这个部署单元出了问题。
- 从部署单元到整体系统,构成了某种层级结构。这样的层级结构不仅有利于找到特定的部署单元或搞清楚某个部署单元是做什么的,同时它可能被用来做机器资源的预算和统计,甚至做人力资源的预算和统计。

因此我们说,部署单元是核心对象,部署单元的名称、ID、层级结构等都要被很好地维护。在集成、测试、发布的众多相关工具中,大量的数据、配置、操作要关联到具体的部署单元,部署单元是让这些工具能够集成在一起协同工作、避免信息孤岛的重要纽带。

在有些企业中,会集中存放和展现与部署单元相关的各类信息,称之为应用 CMDB 或者业务 CMDB 等。这里所说的 CMDB,不再是传统意义上的以服务器、网络等物理设备为核心对象,而是以部署单元为核心对象。不论是以 CMDB 之类的形式集中存放和展现与部署单元相关的配置和信息,还是由不同的工具分别维护部署单元的某一方面的配置和信息,抑或兼而有之,都要以部署单元为核心对象进行管理。

18.3.3　自主完成

当实现了部署的完全自动化后,还需要运维人员负责每次生产环境的部署吗?不就是点击一个按钮的事儿吗?我们的目标是让开发团队作为全功能团队,自己进行日常的部署工作,自主完成。

笔者在走访一些开发团队时,问起当前部署能不能改成由团队自行完成,有什么困难,其中有一类理由是,国家政策/行业规定不允许。真的不允许吗?具体规定的原文是什么呢?事实上,即便是国内的大型银行,也有开发团队自主发布的案例:虽然生产环境和开发测试环境之间做了严格的隔离，但是人不用隔离，开发人员到连接了生产环境的计算机上点击"部署"按钮就行了。

还有一类理由是，担心在部署过程中出现意外情况时，开发团队不能及时有效地处理。难道运维人员比开发人员更了解程序的运行情况、更熟悉如何操控程序的运行吗？应该是反过来才对，开发人员应该对自己编写的程序有全面的了解和掌控。当部署出现意外情况时，开发人员应该可以从监控系统中迅速获得反馈，查看相关情况，判断是哪里出现了什么问题，并通过工具迅速回滚或者调整配置。

定义和配置部署的过程也同样应该由开发团队自主完成，工具应该提供这样的便捷配置能力。

日常的应用运维工作应该由开发团队自主完成，而专职的运维人员则应该将精力集中在系统运维，以及为各个开发团队提供好用的应用运维工具等工作上。

18.3.4　便捷配置：避免重复配置

在讨论部署的配置之前，先回顾一下构建的配置。构建是完全在流水线上配置的吗？不是的。它主要是靠 pom.xml 或者 Makefile 这样的构建配置文件描述的，而构建配置文件是跟源代码放在一起的，在流水线上只是配置一行命令而已。

为什么这么实现呢？因为构建的方法并不会随着流水线的不同而不同。如果都在流水线上配置，那么就要重复配置，然后再重复地维护这些配置。

同样的道理，部署也不应当完全在流水线上配置。比如配置在生产环境中部署到哪几台虚拟机上，这个配置不应该在正常发布的部署流水线上配置一次，在紧急发布的部署流水线上又配置一次。典型的正确做法是，在流水线上只配置把程序部署到哪个环境，然后在流水线运行时，从流水线上动态地获知要部署的是哪个版本，据此按照部署相关工具中的这个部署单元在这个环境中的配置，把该版本部署到这个环境中。

18.3.5　快速执行

如何加速部署呢？我们在第 15 章中从全局视角讨论了如何减少从构建到部署的总时长，在第 17 章中从制品快速存取的角度进行了探讨。

此外，还有一些方向可以考虑。在生产环境滚动部署时，在待部署服务器总量不变的情况下，适当增加每批部署服务器的数量，相应减少分批的批数，有助于减少部署的总时长。在滚动部署时，可以让不同的部署批次适当交叠：上一批还在启动新版部署单元实例时，下一批已经开始把新版的包向目标服务器复制了。

18.4　问题处理效率

18.4.1　及时发现

在生产环境部署过程中，以及部署结束后的一段时间里，应当适当关注系统的功能、相关的监控指标、客服人员收到的用户反馈等。做得更好的话，可以自动监视某些指标，自动运行一些测试，一旦有问题就告警，甚至自动回滚。

在测试环境中，因为部署出现的问题，也应当被尽早发现，且尽量自动发现，缩短测试环境不可用的时间。

不仅是部署，运行环境中所有类型的变更都是如此，如环境变更、配置参数变更、数据库表结构变更等。后面章节中不再一一提及。

18.4.2　便捷回退

如果发布的回滚需要通过生产环境部署的回滚（而不是通过特性开关之类的配置）来实现，那么部署工具就要支持回滚，既包括部署后的回滚，也包括在部署过程中中止部署并回滚。并且部署的回滚需要快速完成，要比正常部署一个新版本的速度快，且越快越好。

我们可以考虑在启动新版本的部署单元实例并切换流量到新版本后，旧版本的部署单元仍保留运行一段时间，只是没有流量接入而已。如果在此期间发现新版本有问题，则可以瞬间切回旧版本——只要把流量再切换回来就好了。

这是最快的方法，但需要额外的运行资源支持旧版本的部署单元运行。如果想省一点资源的话，则可以只在服务器上缓存制品，而不是缓存运行实例——需要时，再把制品运行起来。当然，这样的话回滚的时间会长一些，因为需要启动程序。

这两种方法可以配合使用：先使用第一种方法部署升级，此时随时可以迅速回滚。在稳定运行了一段时间，风险降低之后，改为使用第二种方法。

在测试环境中，最好也能采用快速回滚的方式来迅速恢复测试环境的可用性。

18.5　避免引入问题

18.5.1　业务连续性：生产环境的部署策略

最简单粗暴的部署策略是先停下正在运行的旧版本的部署单元，然后启动新版本的部署单元。这种方案最明显的弱点是会造成对外服务的中断。

使用蓝绿部署可以基本上消除对外服务的中断。在保持当前旧版本的部署单元实例正常运行的同时，部署新版本的部署单元实例但并不接入流量，所以用户无感知。然后等新版本的部署单元全部更新完成并验证后，把流量从当前对外提供服务的部署单元实例调度到新版本的部署单元实例，于是用户感知到的就是新版本了。

蓝绿部署基本解决了对外服务中断这个问题，还因为可以快速回滚而降低了风险。不过它也有不够完美的地方：一是蓝绿部署通常意味着在一段时间内需要两倍的资源并行运行。如果用的是云化资源那还好，随时用随时还，而如果是传统方式，那么就可能一直要用两倍的资源了。二是当发现问题时，已经影响 100%（正在使用该系统相关功能）的用户了。

如何改进呢？可以滚动部署，把所有要更新版本的服务器分成若干批，一批一批地来。由于总的资源能力是有余量的，所以当停下其中一批服务器时，用户是无感知的。等把第一批服务器更新为新版本后，看看没什么问题了再做下一批。这个方法把上面的两个问题都解决了。

18.5.2　业务连续性：测试环境的部署策略

测试环境是不是就不用考虑业务连续性了？不是这样的。测试环境也要考虑业务连续性，要保证正在进行的测试不会被该测试环境中某个部署单元的版本更新所打扰。

那么，什么时候不会被打扰呢？假定你想在某个测试环境中测试某个部署单元的新版本，为此要先部署这个新版本，这就不算打扰测试，因为部署是测试的前提条件。

假定某个开发团队负责的一组部署单元总是一起送测，在测试前先把各个部署单元升级到最新版本，这也不算打扰测试，原因同上。

假定上述测试与每次提交触发的冒烟测试共用一个测试环境，在测试过程中，某个部署单元开始进行版本更新以便做冒烟测试，并且版本更新导致服务中断，这就会打扰到正在进行的测试。

假定现在开始测试了，这时候这组部署单元运行所依赖的另一个子系统的某个部署单元开始进行版本更新，并因此中断了服务，这也会打扰到正在进行的测试。

凡是可能出现版本更新打扰到正在进行的测试的情况，就应该像生产环境那样，采用蓝绿发布或滚动部署之类的部署策略，保证测试环境中系统运行的连续性。为此，增加点儿机器资源是值得的。

而如果为了避免版本更新打扰到正在进行的测试，对测试或版本更新进行某种时间上的约束，那么往往得不偿失。比如在有的企业中规定，测试环境只在规定的时间如每天上午可以部署新版本，下午和晚上的时间则要留给测试。此时如果一个微服务在下午刚开始的时候提测，它必然要等到第二天才能被部署到测试环境，即使当时有空余的测试人力资源。人力资源等待设备资源，这是软件交付过程中要尽力避免的，人力资源比机器资源贵多了。

18.5.3　业务连续性：客户端的部署策略

不仅服务器端的部署有一定的部署策略，客户端如移动端应用的部署也有一定的部署策略，其中最重要的就是减少对用户的打扰。如果隔三岔五就要求用户升级，每次升级都等半天，什么事情也做不了，甚至还有一堆确认操作，那么用户就会很烦。做得好一点的是，用户点击一个按钮就能完成升级。更好的是，用户无须频繁升级到客户端的新版本，而是通常可以通过服务器端热更新的方式来完成服务功能的升级。这需要移动端应用架构的改进。

第 19 章

运行环境管理

19.1 导论

19.1.1 运行环境的概念

程序不能凭空运行，它运行在一定的环境中，这个环境被称作运行环境。生产环境、测试环境都是运行环境，开发人员的个人开发环境不仅是构建环境，也是运行环境。

狭义的运行环境是指运行时环境（Runtime Environment）。典型的，如 Java 语言的 JRE（Java Runtime Environment）。

显然程序的运行不仅需要运行时环境，而且至少需要在本机上安装和配置的一系列基础软件，从操作系统开始算起。本机环境可以是一台实体机的环境、一台虚拟机的环境或者一个容器，于是主体程序和它的本机环境一起形成了一个部署单元。

整个系统通常是由多个部署单元构成的。除了这些部署单元，还有数据库服务、消息队列服务等中间件服务，它们一起作为系统整体对外提供服务。而对于其中的一个部署单元来说，它的运行环境不只是本机的软件及其配置，还是整个系统。

严格来说，运行环境不仅是运行中的各个软件，而且也包括支撑这些软件运行的硬件基础设施，比如服务器和网络。

19.1.2 考查范围

我们关心三个层次的事情：

第一个层次，如何把本机运行环境管理好。推荐使用容器镜像的方式，典型的如根据 Dockerfile 生成 Docker 镜像。

第二个层次，在一个整体运行环境实例中，如何方便地申请新增一个部署单元，并让它和整体环境配合好，可以在环境中运行。这意味着要申请资源和分配资源，比如申请几台虚拟机或者几个容器，并做好服务依赖配置，如连接哪个数据库。总之，让这个部署单元在环境中运行起来。典型的如在 Kubernetes 中，容器和 Pod 级别的 YAML 描述文件大体上描述了相关内容。

第三个层次，如何管理整体运行环境实例，也就是整个系统的一个运行实例，其中包括新增和销毁环境实例，也包括分配和回收环境实例。另外，考虑到一套环境实例要耗费大量资源，因此要尽量让不同的环境实例复用相同的部署单元实例，还不能相互干扰。于是，每个特性分支都可以任性地拥有一套看起来由它独占的测试环境。

19.1.3 关注重点

首先做好第一个层次，然后做好第二个层次，最后做好第三个层次。在每一个层次，都要先把稳定性做好，然后做到充分的自动化和团队自助操作。

19.2 执行效果

19.2.1 执行效果度量：保证足量供应

运行环境首先要供应充足，管够，比如不要发生想测试却没有测试环境可用的情况。

运行环境可分为生产环境、预发布环境、灰度环境、功能测试环境、性能测试环境等不同种类和功能的环境。只要项目的交付流程需要，就应该有相应的环境。有时不同目的的活动可以共享一套整体环境实例。

另外，有时某一种环境只有一套也是不够的，需要多套。比如我们前面讲过，对特性的测试应该尽早，尽量在特性分支上就进行测试，那么这样的测试就需要环境，在每个特性分支上需要对应的一套环境，我们姑且称之为特性测试环境。特性测试环境也应该是想用就能得到的。具体如何做到，后文详述。

19.2.2 执行方法：声明式

传统的对环境的管理方式是命令式（Imperative）的，比如给某个部署单元添加 10 台机器，将某个基础软件的版本升级到 2.0，修改负载均衡的配置，等等。而更好的方式是声明式

（Declarative）的，在 Kubernetes 这样的容器编排工具或 Ansible 这样的服务器配置管理工具中定义环境应该是什么样子的，然后让工具自己计算出该如何从当前状态改变到目标状态，最后自动完成。

采用这样的类似于源代码的方式定义环境的方法，被称作基础设施即代码（Infrastructure as Code, IaC）[1]。于是就可以像管理源代码那样管理环境了——把环境描述文件放进单独的Git库；在"特性"分支上修改环境配置，然后发起合并请求，请人评审以保证质量；集成发布分支上的变化触发真实环境中的变化；在紧急情况下，集成发布分支上的代码回退触发真实环境中的回滚。这就是GitOps[2]的核心思想。

19.2.3　环境一致性：本机运行环境

从环境一致性这个角度来考查，就是考查运行环境的一致性：测试环境和生产环境要尽可能相似。我们先讲第一个层次，即本机运行环境。

比较推荐的做法是，使用一个文件来描述如何自动搭建本机运行环境，并把它与源代码放在一起。在构建时，据此构建出容器的镜像，既包括由源代码构建生成的主体程序，也包括该程序运行所需的本机运行环境。于是，部署该镜像，就意味着既部署了主体程序，也部署了该程序所需的本机运行环境。典型的，如根据 Dockerfile 构建生成 Docker 镜像，再根据 Docker 镜像部署 Docker 容器。

采用上述方法，一次构建后不论部署到哪个环境中都用这个镜像，以此来实现各个运行环境实例之间本机运行环境的一致性。

镜像这种方法同时也解决了在一个运行环境实例内一个部署单元的各个运行实例之间本机运行环境的一致性问题，因为它们都是由相同的镜像生成的，是不可变基础设施（Immutable Infrastructure）[3]。如果要改变它，就要用新版本的镜像替换它，而不是直接修改它，以至于它慢慢变成雪花服务器（Snowflake Server）——就像每片雪花都不一样[4]。

即使没有采用容器技术，而是采用虚拟机技术，也可以使用镜像的方法——先制作出虚拟机镜像，再基于虚拟机镜像生产出虚拟机，放到各个运行环境中，以此来实现运行环境的一致性。这里的虚拟机镜像，一般不包括该部署单元的主体程序本身。每次升级主体程序时，都通

1　参考《基础设施即代码：云服务器管理》一书。

2　参考：链接 18。

3　参考：链接 19。

4　参考：链接 20。

过部署工具用主体程序的新版本替代旧版本，而无须更新虚拟机镜像本身。不仅是主体程序，如果本机运行环境中还有其他一些经常发生变化的内容，则也不建议烧进虚拟机镜像中，而是考虑使用 Ansible、Puppet、Chef 这类服务器配置管理工具来管理。

19.2.4　环境一致性：整体运行环境

运行环境的第二个层次是将一个部署单元融入整体环境中，这主要表现为各类配置，第 20 章再进行详述，看其中哪些内容要一致，哪些内容可以有差别。

运行环境的第三个层次是管理整体运行环境实例，在这个层次上也要让测试环境和生产环境尽可能相似。这意味着：

- 如果整体系统依赖某些外部的、第三方的系统和服务，那么在测试环境中也要尽量使用这些外部服务，这是为了在测试时就能够发现与这些外部服务之间配合的问题。只有在不得已的情况下，才 Mock 它们。
- 在测试环境中使用的数据库、中间件等，其品牌和版本尽可能与生产环境中使用的数据库、中间件的相同，这是为了在测试时就能够发现系统使用这些基础服务时的功能和性能问题。只有在不得已的情况下，才使用内存数据库等替换它们。
- 测试环境中的各个部署单元要部署合适的版本。以在特性分支上测试该特性的环境为例，该特性改动的部署单元一般应部署特性分支末端版本，而其他部署单元则应部署当前线上版本。

19.3　执行效率

19.3.1　执行效率度量

计算从提出环境资源申请到环境准备完毕所需的总体时间。我们分别度量如下场景下的总体时间：

- 一个已有的部署单元在某个环境中扩容所需的时间。
- 在某个环境中增加一个新的部署单元所需的时间。
- 新增或分配得到一套整体运行环境实例所需的时间。

如果时间比较长，则通常是消耗在了人工审批环节和/或审批通过后的人工操作环节。如果没有审批而且环境创建完全自动化，那么通常分分钟就可以完成。

19.3.2 自动执行

环境应该是完全自动生成或分配的。

环境的第一个层次是本机运行环境的创建和维护。典型的，如根据 Dockerfile 自动构建得到 Docker 镜像。

第二个层次是将一个部署单元的多个实例融入一个整体运行环境实例中。比较传统的做法是预先为该部署单元自动分配资源，可能是虚拟机，也可能是实体机。此后，部署单元不论是初次部署还是后续升级，都一直使用这些机器。而在这些机器上预先自动进行了一系列配置，使其能够连接到各相关基础服务及其他部署单元。

而比较现代的做法是，使用容器技术，每次更新版本时都"只换不修"，回收旧的资源，分配新的资源。同时，使用几个容器实例、如何与其他服务连接等信息，是通过代码化的方式定义的，作为容器编排交由工具平台完成，典型的如交由 Kubernetes 完成。

第三个层次是整体运行环境实例的管理。应该是在提出资源申请后，完全自动地生成一套新的环境，或者分配得到一套已有的环境。

19.3.3 工具间集成：制品、部署、环境之间的关联

在第 17 章中我们讨论过，源代码的特定版本经过构建流水线的一次运行产生了制品的特定版本，所以源代码、构建、制品这三者之间存在关联关系。类似地，制品的特定版本经过部署活动被部署到特定环境实例中的若干个部署单元实例中，所以制品、部署、环境这三者之间存在关联关系。

为此，最基本的是要记录某次部署把什么制品的什么版本部署到哪个环境中的具体哪些机器上，并且可以查看这样的记录。进而还应当能对当前状态进行更多的查询，比如查询在一个环境实例中各台服务器上分别部署了哪个部署单元的什么版本；反过来，还应当能查询某个部署单元或者它的某个特定版本当前被部署到哪些服务器上。

此外，历史记录也应该可以查看。例如，查看某台服务器上什么时候运行的是程序的什么版本，这对出错时进行排查以及事后进行追溯都有帮助。

最后注意一点，特定环境实例中的某个部署单元可能正处于部署升级的过程中，所以这个部署单元当前的版本和状态不是"非黑即白"的。

19.3.4 自主完成

不论是本机运行环境镜像的定义和生成，还是某个部署单元在特定环境实例中的配置，抑

或是整体环境实例的申请和分配,只要是具体某个部署单元、某个环境实例的配置和管理操作,就应该完全由开发团队在相关工具的支持下自主完成,而不是填写一个工单交给运维人员,然后由运维人员运行一些神秘脚本来完成。为此,需要工具本身提供足够的自动化能力,并且容易配置和使用。

环境资源申请的审批过程应该尽量取消,实在取消不了的,也要尽量缩短审批路径,降低审批级别,或者采用在申请到一个资源配额后,配额内的资源无须逐笔申请的方式。这里所说的环境资源申请,既包括测试环境中的资源申请,也包括生产环境中的资源申请;既包括新的部署单元或部署单元实例的资源申请,也包括一套环境实例的申请。

19.3.5 资源复用:环境实例的分配与回收

整体环境实例应该充分供应,想使用的时候就能得到。以特性环境为例,我们需要若干套特性测试环境,有特性想用了,就分配给它一套;用完了,再回收到资源池中。这样比每次都重新创建测试环境要节省时间。

19.3.6 资源复用:虚拟独占方式

如果一个系统仅由有限的几个部署单元组成,那么用上一节中介绍的方法来管理整体环境资源就好。但是如果整体环境中包含了成百上千个部署单元,那么提供一套环境实例需要很高的成本,于是仅能有一套功能测试环境,且仅在特性分支合入集成分支后才做正式测试。此时,在技术上就限制了流程的优化。

解决的方法是,一个整体环境实例,并不意味着其中每个部署单元的实例都是这个环境实例独占的——一个部署单元实例可以为多个环境实例服务,而在技术上实现让一个部署单元实例仿佛只为一个环境实例服务,不同环境实例之间看起来相互隔离。我们姑且称这一类方法为虚拟独占环境。这需要借助一些技术和方法来实现,比如通过消息路由、远程调用路由等来实现,这与具体系统使用的微服务架构有关,不能一概而论[1]。

19.3.7 资源复用:处于整体环境中的个人开发环境

以上我们介绍的是在特性改动提交前进行比较正式的测试所需的特性测试环境,它一般完全在云端,并且很"干净",完全受控,尽可能接近生产环境。而如果把流程往前推,在开发人员开发的过程中,其实最好是在本地就能够把他改动的部署单元在一个整体环境中运行起来,而不是只能在布满了桩模块、驱动模块的"实验室"里操作。也就是说,要让他的个人开发环

---

1 这里介绍了阿里巴巴的解决方案,参见:链接 21。

境连接到整体测试环境实例，甚至成为其一部分。

考虑到提供一套环境实例的成本很高，所以这里可能也需要使用虚拟独占环境这种方法。当然，并不总是需要这么高端的方法。如果总是由个人开发环境中的部署单元（作为调用链路上游）发起调用其他部署单元（作为调用链路下游），那么把个人开发环境简单连接到一套公共的测试环境实例，调用那里的部署单元就可以了。而如果个人开发环境中的部署单元仅被有限的几个部署单元直接或间接调用，则也可以考虑把那几个部署单元再单独部署一套。例如，如果需要由微服务 A 调用个人开发环境中的微服务 B，那么就在个人开发环境中也运行微服务 A，让微服务 A 的运行实例去调用刚做完修改待测试的微服务 B。

当个人开发环境与整体环境实例相连接时，根据项目实际情况，可能需要解决办公网络和测试网络不互通、本地网络地址不固定，以至于难以从测试环境访问等问题。

19.3.8　方案收敛

对于一个企业内的或者构成一个软件系统的众多部署单元，直接写 Kubernetes 的配置文件可能会导致没有必要的灵活和发散。同时，要求广大开发人员深入掌握 Kubernetes 似乎也不太合适，毕竟开发人员的主要关注点应该是程序开发本身。

所以要考虑对 Kubernetes 这类的工具进行一定的封装，以便对各种选项、各种可能性进行一定的约束，同时通过图形用户界面等提高易用性，降低对使用者知识和能力的要求。

事实上，在有些企业中，连 Dockerfile 都不是直接写的。

19.4　避免引入问题

工具可靠性：环境稳定性

生产环境不稳定，会影响用户的使用，带来故障；测试环境不稳定，会影响测试，带来误报。因此，我们要关注并努力提升环境的稳定性，对遇到的每一类环境不稳定的问题进行跟踪，分析原因并进行解决，看其效果。

第 20 章

配置参数管理

20.1 导论

20.1.1 系统配置参数的概念

第 19 章我们在介绍运行环境管理时讲到要让测试环境尽量与生产环境一致，这样在生产环境中可能遇到的问题才能尽可能在测试时就暴露出来。这里说的一致，是指工具、基础设施等方面的一致，比如使用相同的 JDK 版本、相同的数据库软件。而很多配置和参数则没必要一致。

比如一个部署单元的运行实例的个数，在生产环境中可能需要成百上千个，但在功能测试环境中有一两个就可以了；比如数据库名称和地址，测试环境中的和生产环境中的就不一样；比如数据库账户名称和密码，出于安全起见，测试环境中的和生产环境中的一般也不一样。以上这些配置参数，让系统得以运行起来，我们姑且将其算作系统配置参数。

20.1.2 业务配置参数的概念

除了系统配置参数，还有一类配置参数，即业务配置参数。比如特性开关，用来控制某个特性对用户是否可见，甚至可以细分到对具体用户群是否可见。再比如网上购物场景，从拍下商品到完成付款有一个最大等待时间，这个值可以作为一个参数，改动它无须修改程序源代码。这类与业务和功能相关的配置，我们姑且称之为业务配置参数。

这类配置参数在不同的环境中可以有不同的值，而且可能在部署完成后需要不断调整。

20.1.3　考查范围

本章考查对系统配置参数和业务配置参数的管理。它们有什么要管理的呢？

把配置文件简单地存放在服务器上，然后手工修改，肯定是不行的。对配置参数进行管理就像管理源代码一样，也需要有版本控制；也需要有某种部署过程，让新的参数值在特定环境实例中生效；也需要有开发、集成、交付流程，汇聚不同人的修改，并确保发布质量。而其特殊之处在于，配置参数的值可能是随着环境实例的不同而不同的；而且值可能会随时变化，争取想变就能变，而不用跟源代码一起去执行"漫长"的流程。

20.1.4　关注重点

最基础的是把配置文件纳入管理中，有适当的机制，在统一的地方进行保存、修改，让它们生效，而不是散乱地放置在各台服务器上，将来需要修改时登录每台服务器来进行。

接下来考虑不同类型的配置参数是否采用了适合它的管理机制。一方面，可以避免为不同的环境实例人工重复进行相同的配置和修改，让与软件演进相关的配置改动自动传播；另一方面，可以避免死板僵化的流程，不要调整什么都要跟源代码一起去执行集成、测试、发布流程。

20.2　执行时机

20.2.1　流程顺序和卡点：设置方式

配置参数通常表现为一组键值对，其中键是配置参数的名称，值是配置参数的值。前者对于同一个软件版本是固定的，后者可能随不同环境、不同场景而不同。那么，何时设置这些配置参数呢？

最"靠前"的实现方式是，在构建前设置，让配置参数参与构建，作为构建产物的一部分。典型的，如在 Java 语言中使用 Spring Boot 框架时，默认读取 application.properties 配置文件，于是，当不同环境或不同时期需要不同参数的值时，则需要重新构建。比它省点时间的方式是，先构建出"裸包"，然后为不同场景注入相应的配置参数值，形成最终交付物。这样一来，构建速度会快很多，而且一致性更有保证。还有一种方式是在打包时把所有环境（类型）的配置参数值都打包进去，然后部署到具体环境时，让该环境对应的那组配置参数值生效。

向"后"挪，可以在部署前设置配置参数。源代码是部署的输入，配置参数也是部署的输入，而在不同场景下可以输入不同的配置参数值。比如在启动 Pod 时，通过传参来修改 Pod 中程序的配置文件，甚至在源代码未发生变化时，可以简单地通过重新启动程序来加载新的配置参数值。典型的，如在 Java 语言中使用 Spring Cloud 框架时，使用 Spring Cloud Config 配置中心管理配置参数，而让程序总是在启动时读取一遍配置参数的值。

再进一步向"后"挪，可以在程序运行时随时修改配置参数。比如让运行中的程序定时询问配置中心，如果有更新就会在此后生效。而做到极致是当修改了配置参数的值后，可以立即推送，同步到各相关程序并立即生效。典型的，如携程的 Apollo 这样的分布式配置中心，可以发送配置变化的消息给运行中的程序，于是运行中的程序就可以在监听到这样的消息后采取行动。

20.2.2　流程顺序和卡点：选择设置方式

我们何时采用哪种设置方式呢？总体来说，越是希望配置参数的变化能随着软件交付流程自动从个人开发环境传播到各个测试环境再传播到生产环境，就越要让设置靠前；而越是希望配置参数灵活——随着环境的不同而不同，可以随时变化，脱离软件交付流程的束缚，就越要让设置靠后。

我们先来分析系统配置参数。那些在不同环境中取值相同的配置参数，通常比较稳定，其变化频率远低于源代码的变化频率，因此把它们与源代码放在一起一同构建，是很方便的。这样就自然而然地维护了配置参数与源代码版本的对应关系；在变更时，变化也能自然而然地传播到各个环境中。

对于随着环境的不同而取值不同的配置参数，如果环境的数量有限，配置参数的值也不常变化，那么把它们与源代码放在一起并纳入构建过程中也是可以的。而如果环境的数量是不定的，比如有若干个特性开发环境实例动态生成、分配、回收和销毁，那么就要看配置参数是随着环境类型的不同而取值不同，还是随着环境实例的不同而取值不同。前者，配置参数仍然可以跟源代码放在一起，因为环境的数量有限；后者，则应该另行管理，最好是自动生成配置参数的值。

在系统配置参数中，有些值可能会经常变化，比如动态扩缩容意味着部署单元运行实例数量的变化，在这种情况下，配置参数也不适合跟源代码放在一起进行构建，而是应该"挪"到后面去。

接下来分析业务配置参数。不论是特性开关还是一些数值型的参数，业务配置参数通常需要具备在不同环境中取不同值的能力，并且需要具备在源代码未发生改变时其发生变化的能力。因此，对于业务配置参数一般应该另行管理。比如使用应用配置管理系统，可以在应用运行时变更业务配置参数。有的时候，管理业务配置参数本身成为业务系统的一个功能，具备用户界面（UI），供管理员等特定用户角色进行配置和管理。

20.2.3　流程顺序与卡点：确保质量

配置参数的变更在技术上可以做到拨个开关就能完成。然而，在生产环境中，因为配置参数错误导致的故障可真不少。因此对配置参数不能随意变更，要进行适当的质量控制。

当配置参数随代码的演进而变化时，其应该随代码一起经过整个集成、测试、发布流程，且至少在测试环境中进行过相应的测试。

当配置参数的值是特定环境特有的时，可以考虑经过人工评审过程后再实际执行使其生效。

当配置参数的值是特性开关等随时间变化的情况时，对于每种情况或每种一般等价类都应该在测试环境中进行过相应的测试。

20.2.4　整体协调：程序与配置参数的匹配

使用上述方法区分不同类型的配置参数分别进行管理，基本可以满足要求。然而，多多少少还存在一些小问题——即便是随环境不同而不同、随业务变化而随时变化的配置参数，它也有一个从无到有的过程，比如在程序的低版本里没有它，当某个环境实例从当前的低版本升级到高版本时，别忘了配上这个环境实例所需的参数值。为此，可以在流程上想办法，比如在发布前的检查列表中添加一项。

另外，如果先设置配置参数，再升级程序版本，那么还要保证新版本的配置参数与旧版本的程序之间相互兼容。

20.2.5　整体协调：键值分离

是否有更好的办法，可以从根本上解决程序与配置参数的匹配问题？下面我们来探讨一下。

在本质上，配置参数的变化是两种变化的叠加。第一种变化，随着软件的演进，需要新增和改变配置参数；第二种变化，配置参数运行于不同的环境实例中，系统或业务对配置参数的值有不同的需求，甚至其随着时间发生变化。

在软件设计模式中有一个核心的设计原则：分离变化与不变的部分。或者说，分离不同类型的变化，分别进行处理。其实对配置参数的管理也一样。上面的两种变化，其"发端"不一样，对配置参数的管理需求也不一样。

第一种变化，最重要的是把配置参数的变化从开发带到集成，带到测试，一直带到上线。从个人开发环境依次带到各个测试环境，最后带到生产环境。别带丢了，也别与源代码的改动不同步。所以对于这种变化，最好的方式就是把配置参数和源代码放在一起，让它跟着源代码以及源代码生成的制品走。

第二种变化，最重要的是保持配置参数的独立性和灵活性。不同的环境配置参数的值会不一样，不同的时间配置参数的值也会不一样，所以不要把配置参数硬塞到软件的交付和软件的演进中，而是它可以随时"随地"发生变化。因此要把对配置参数的设置尽量往"后"挪。

第一种变化，大体体现为键值对中的键：不同的程序版本，需要不同的配置项。此外，也可以带上默认的参数值——如果在某个环境中某段时间不想特别设置某个配置项，那么就用它的默认值。这时宜把配置参数跟源代码放在一起，进而打包在一起。

第二种变化，大体体现为键值对中的值。配置参数的值随着环境的不同而不同，随着时间的不同而不同，宜把配置参数设置成在具体环境实例中可以随时修改。

在程序运行时，程序所感知到的键值对，应该是以上两者的叠加：

- 第一种变化中的键，在第二种变化中有值，那么它们就可以匹配在一起让程序看到。
- 第一种变化中的键有默认值，第二种变化中没有值，那么就按默认值处理。
- 第一种变化中的键没有默认值，第二种变化中也没有值。这种情况就不应该发生，在部署前要自动拦截。
- 第二种变化中的值，在第一种变化中还没有键。这通常是由于在某个环境中部署程序的新版本前，提前设置了新版本所需要的键在该环境中的值所导致的，此时对正在运行的程序屏蔽该键值对即可。

下面是在程序中引入一个新的键值对的过程。

① 在配置文件中定义这个键，将配置文件与源代码放在一起进行构建打包。

② 在把程序的新版本部署到某个运行环境中之前，先设置该键的值，此时正在运行的程序看不到它。而如果忘了设置，那么将来新版本的程序就会被自动拦截没法部署，以避免发生故障。

③ 在该运行环境中部署程序的新版本后，程序获得该键的值。

20.3　执行效率

20.3.1　自动执行

作为最基本的要求，在人工定义了配置参数的键和值后，应该让它们"一键"就能自动生效。作为反例，把配置文件用命令行复制到程序所在的一台台服务器上，将来需要修改时，登录每台服务器进行手工修改，这样做是不合格的。

把配置文件打包进安装包，配置参数就会随着安装包自动部署到各个环境中并生效。如果在部署时或程序运行时读取配置文件，那么将该配置文件要么存储于网络上的唯一位置，要么自动地分发和同步到各台服务器。如果程序是启动时读取配置信息的，则要自动重新启动各个部署单元实例，这通常是分批滚动进行的。而如果能在配置参数变化时自动通知各个部署单元实例，当然就更好了。

20.3.2　自主完成

就像部署操作和环境管理操作应当由开发团队自行完成一样，与配置参数相关的操作也应当由开发团队自行完成，而不是填写一个工单交由运维人员来完成。

与其相关的审批流程也应当尽量简化，最好是去掉开发团队之外的审批流程。

20.3.3　便捷配置：减少人工设置内容

如果配置参数列表很长，则设置起来还是挺麻烦的，因此要尽量让这个列表短一些。

首先，在软件开发中有一个原则，即约定优于配置（Convention over Configuration），也称作按约定编程，是一种软件设计范式，旨在减少软件开发人员做决定的数量，而又不失灵活性。Maven 就是应用这个原则的典型代表。我们也应当把这个原则应用到配置参数的设置上——只有"特别的"配置、与约定不符的配置，才需要明确地设置。

其次，考虑分层复用。有些配置参数在系统级、子系统级等级别设置一次就够了，不需要为每个部署单元都设置相同的值。我们可以考虑让具体部署单元中这个参数的值是合成的——如果在系统中设置过，而在这个部署单元中没有进行过特别的设置，那么就用系统中设置的值；如果在这个部署单元中进行过特别的设置，那么就用这个特别设置的值。

最后，真的需要人工设置吗？比如自动新建或分配到一套特性测试环境，那么肯定就不能人工设置数据库地址、消息服务地址了，它们应该是自动准备妥当的。

20.4　问题处理效率

记录版本

我们要记录两个方面的版本。一方面，对于配置参数随着软件本身的演进而发生变化的情况，一般在版本控制工具中对此进行记录；另一方面，对于具体某个环境、该环境中某个部署单元，甚至该部署单元的某个运行实例所使用的配置参数，其变化也应当被记录，以便在出现问题时进行排查、追溯。

20.5　避免引入问题

权限：敏感信息管理

在系统配置参数中，对密码、token 等敏感信息应该有单独的管理方式，以防范安全风险。一般采用的方法是对敏感信息进行加密后再存储，具体可参考 Kubernetes 的 Secret 等工具。

第 21 章

数据存储结构管理

21.1 导论

21.1.1 数据存储结构管理的概念

运行中的软件系统大体上是由程序和数据两部分组成的，而这两部分有两个显著的区别。一是程序一般是无状态的，而数据则通常是长期存在的，它的生命周期常常比特定版本的程序的运行时间还要长很多，程序启停、容器迁移、软件版本升级，都意味着特定版本的程序实例不再运行，而此时数据却流传下来；二是相同版本的程序，不论在哪个运行环境实例中都一样，而数据则属于特定的运行环境实例。

数据一般以一定的结构存储。典型的，如数据库中的数据表就是以一定的结构来存储数据的。要想让程序运行，先要创建这样的数据存储结构，可能还需要填充一些基础数据。当程序升级时，对数据存储结构可能需要做相应的调整，对已有数据也可能需要做相应的调整，以支持软件系统的演进。

21.1.2 考查范围

数据存储结构的变化，需要像源代码的变化一样经过软件交付过程，依次部署到各个测试环境中，最终部署到生产环境中。在此过程中，需要和源代码的交付过程相互协调、配合。这是本章主要考查的内容。

在系统正常运行期间，业务数据的不断变化不属于本章考查内容，那是软件系统本身的行为。对测试数据的管理也不属于本章考查内容，我们会在分析各类测试时对其进行考查。

21.1.3　关注重点

数据存储结构变更与源代码变更的不同之处在于，源代码变更是告诉工具平台，新版本的全量是什么样子的，然后使用它们进行构建打包，进而部署。而数据存储结构变更通常是告诉工具平台，自己想如何改变老版本形成新版本，这通常是一些 SQL 脚本，然后使用它们进行构建打包，进而部署。

由于告诉工具平台的是改变方法而非数据存储结构本身，这就带来了一系列挑战：

挑战 1：如何保证在一个环境实例中，该执行的变更脚本都被执行一遍，并且仅被执行一遍？

挑战 2：如何保证在一个环境实例中，变更脚本的执行顺序是正确的？

挑战 3：如果在测试时或上线后发现某个变更脚本有错误，那么在已经执行过该脚本的环境实例中，如何消除它的影响？在还没有执行过该脚本的环境实例中，如何保证将来执行的是修正后的版本？

挑战 4：对于一个全新的环境实例，如何初始化数据库表结构和基础数据？

本章关注的重点就是如何应对上述挑战。

21.2　执行时机

整体协调：程序与数据存储结构的匹配

当一次软件升级既涉及程序的升级，又涉及数据存储结构的升级时，通常的做法是，在该环境中先升级数据存储结构，包括对存储结构的改变，以及对已有数据的处理，然后分批滚动升级程序本身，逐步变为程序的新版本与数据存储结构的新版本相互配合。

为此需要让新版本的数据存储结构保持对旧版本程序的兼容性，所以通常是增加字段，而很少删除字段。此外，在程序中应避免使用类似于"select *"这样的 SQL 查询语句，而是指定具体的列名。

21.3　执行效果

21.3.1　执行方法：应对挑战的常见方法

对于前面 21.1.3 节中提到的"挑战 1"和"挑战 2"，应对方法是，在代码库中，按计划发布版本划分目录，每次发布上线都对应一个这样的目录。在目录中，有若干个 SQL 脚本文件，它们的文件名称中都带编号，部署时按编号依次进行。尚未发布的，放在最新的那个目录中。在某个测试环境实例中部署时，由于可能已经执行了最新目录中的一些脚本，所以需要人工挑选尚未执行的脚本并按顺序自动执行。而在生产环境中部署时，则按顺序部署该目录中所有的脚本。

那么，能不能自动判断哪些脚本执行过不用再次执行了，哪些脚本没执行过要执行呢？使用 Flyway 等工具可以进行这样的自动判断。在给每一个数据变更脚本编号后，使用 Flyway 等工具记录在特定运行环境中数据库已执行过哪些数据变更脚本，然后据此计算出代码库中还有哪些数据变更脚本没有执行，然后按编号从小到大执行这些脚本。

另一个思路是，如果脚本可以反复执行而不会出错，那么也就没必要担心脚本被执行不只一次的问题了。所以把脚本本身改造成可以反复执行的，具备幂等性，就可以每次部署时都在测试环境中执行所有的 SQL 脚本，而无须挑选了。

对于"挑战 3"，我们首先分析在生产环境中发现问题时如何处理。在理想情况下，每个数据变更脚本都应该有相应的回滚脚本，回滚脚本在测试环境中进行过验证，证明它能完全消除影响，也不会带来其他问题。然而理想很丰满，现实很骨感，并不一定存在这样的回滚脚本，特别是在执行 DDL 语句时。所以常见的一种处理策略是，对已经发布到线上的数据变更不进行回滚，顶多用新的脚本来修复问题。

而对于在测试环境中就发现的问题，可以具体情况具体分析，人工还原当时的数据库表结构或者重要数据，然后执行修正后的变更脚本。

对于"挑战 4"，理论上可以在新建一个测试环境时，把历史上所有的数据变更脚本都按顺序执行一遍。不过，在实践中常常使用更简单的方法，就是把生产环境数据库的表结构（以及基础数据）导出，然后导入新的测试环境中的数据库中。

21.3.2 执行方法：声明式

以上所有方案设计难点都来源于管理数据存储结构和管理程序源代码存在的一个根本性差异：前者是命令式的，用 SQL 语句写出来要想改变该怎么做，描述的是变更；而后者是声明式的，用源代码表达程序是什么样子的，描述的是全量。那么，这种基本模式可不可以改变呢？

试想，在代码库或者特定管理工具中，定义表结构要变成什么样子，而不是如何变。甚至对基础数据也这么做，定义基础数据要变成什么样子，而不是如何变。于是，当把表结构和基础数据部署到某个环境实例中时，根据其与当时环境实例中的表结构和基础数据的差别，自动生成相应的 SQL 语句，自动执行这样的 SQL 语句。

这样一来，上面提到的四个挑战就都不存在了。

笔者在一些大型企业中看到过自研的工具采用了上述方法，并与评审流程及集成、测试、发布流程相结合，实现了完整的闭环。这是一个很好的探索方向，相信将来会有越来越多的团队采用这样的方式。

21.3.3　环境一致性

不同类型的运行环境、不同的运行环境实例，不仅应该尽量使用相同的数据存储工具本身，比如相同厂商和型号的数据库，而且应该使用相同的数据存储结构管理工具。

21.4　执行效率

21.4.1　自动执行

这是一个基本要求：不应该登录数据库管理终端界面，输入 SQL 命令或者把 SQL 命令复制并粘贴过来执行。这样做会存在一些问题：在生产环境中输入 SQL 命令，意味着这些 SQL 命令不一定"原汁原味"地在测试环境中执行和验证过，可能会因为手抖而酿成大错；在复制和粘贴时，可能会因为少复制了关键内容，比如 where 条件子句等，而导致出错。

正确的做法是把打算运行的变更脚本先编辑好并保存起来，然后在不同的环境中通过工具自动读取它并执行，以保证在生产环境中执行的脚本就是在测试环境中验证过的。

21.4.2　自主完成

就像程序部署、环境管理、配置参数设置应该由开发团队借助工具自行完成一样，数据存储结构的变更也应该由开发团队自行完成，而不是填写一个工单交给数据库管理员来完成。

当然，这并不意味着与数据库相关的专业人员永远无须介入。对于风险较高的变更，确实应当考虑由数据库专家来帮助评审、把关。而什么样的变更算是风险较高的，可以根据一些规则自动判断。比如设置规则为，如果 SQL 脚本中带有 delete 或者 drop 这样的命令，就自动判断为风险较高，自动要求数据库专家帮助评审，并把评审通过作为质量卡点。

21.5　问题处理效率

记录版本

类似于前面讲过的程序、环境、配置参数的变更，对于数据存储结构的变更也要记录两类历史：一是变更脚本或者结构本身变化的历史；二是在具体某个运行环境实例中数据存储结构变更的历史。

21.6　避免引入问题

隔离性：数据隔离

大体来说，不同的整体运行环境实例的数据要相互隔离，避免相互干扰。此外，还有一些特殊之处：

预发布环境存在的目的是为了尽可能接近生产环境，所以它经常跟生产环境共用数据库、数据表。但是要尽量让数据本身是隔离的，比如测试账户和真实用户要使用不同的用户 ID，并避免在汇总统计时将测试数据计算在内。

灰度环境是供少量真实用户试用的环境，不仅跟生产环境共用数据库、数据表，而且数据通常也不相互隔离。这是因为在灰度环境中部署的新特性，大概很快就"转正"了，而且灰度用户本身一般也是不固定的。比如网络游戏领域有一个专门的词，叫"不删档内测"，说的就是这个场景。

不同的特性测试环境实例，理论上应该有各自独立的表结构和数据。然而，这样做成本比较高，所以经常共用一套数据库，使用相同的数据表。如果不同的特性测试环境实例采用了虚拟独占方式共享部署单元实例，那么要想有各自独立的表结构和数据就更难做到了。此时，若想为新特性修改表结构，必须小心操作：要保证兼容性，不影响其他特性的测试；对于已确定废弃的特性，要进行相应的清理，恢复表结构。

对于不同的个人开发环境实例，也有类似问题要解决。除了上述解决方法，也可以考虑使用内存数据库等轻量级方式：牺牲了一点环境一致性，但是方便验证和调试。

第 22 章

代码评审

22.1 导论

22.1.1 代码评审的概念

代码评审是指由别人来人工评审你写的源代码。在提交代码改动前,先自己检查一下代码,这是一个好习惯。如果由机器自动分析检查源代码,那是代码扫描(这是第 23 章要关注的内容)。

代码评审,都评审些什么呢?除了要看代码改动有没有带来功能上的缺陷,还要看是不是有非功能方面的问题,比如安全漏洞或者对性能产生严重影响的问题。也要看代码写得好不好:是否易读、不容易错、容易维护和扩展等。也就是说,要看综合质量。

代码评审的价值不仅体现在保证质量上,也体现在促进开发人员之间相互交流和学习,以及给予指导上,既能提高开发人员的开发能力,也能使其更熟悉特定业务的特定程序。如果某个模块只能由某个开发人员来改,那可不是件好事儿。虽然为有效率起见,通常某个模块由某个开发人员来改,但应该是更多的开发人员有能力改,在需要时可以随时顶得上。这是从模块的视角看的。如果从开发人员的视角看,则最好是每个开发人员都有其特别熟悉、平时主要工作的地方,在此工作效率特别高,而在其他更广阔的范围内也随时顶得上。

22.1.2 关注重点

首先,代码评审是需要一定的能力和方法的。这需要代码评审者具备一定的能力,能够按照一定的方法进行代码评审。其次,并不是任何代码改动都要经过严格的代码评审过程。这需要确定下来务实的策略，并且最好是内化到工具本身。

22.2　执行时机

22.2.1　包含改动的颗粒度：通常以特性为单位

凑齐多少代码改动，就送去做一次评审？这主要从两个方面来考虑：一是改动的量不能太大，太大了评审不过来，容易被敷衍，而且就算认真评审的话，也还有一个问题——需要为此等待很长时间；二是改动的内容应该是一个完整的"段落"，它是一个改动的逻辑单位。而特性刚好满足这两点：一个特性不应该很大，大多几个人日就能完成；改动的内容也是一个完整的对用户有意义的单元。

当某个特性确实比较大时，就要考虑能不能分几次评审。比如把这个特性拆分成几个开发任务，每个任务完成后就进行一次评审。

如果评审是以代码改动提交而不是以特性为单位的，那是否可以呢？也可以。但是此时要特别注意，每次提交的代码改动本身要形成一个完整的、有逻辑意义的、达到了一定目的的内容，并且注意不要过于细碎。

22.2.2　包含改动的颗粒度：结对编程

结对编程的主要内容是代码评审。结对编程把代码评审的颗粒度往细推到了极致：随改随时（实时）进行代码评审，给予反馈，并随即修正。

结对编程是作为极限编程中的一个实践在 20 世纪末提出的。从极限编程诞生到现在，二十多年过去了，其中的持续集成等实践被广泛应用，而结对编程大概是最具争议性的。这主要有两个原因：一是它需要增加大约 1 倍的工时，因为始终是两个人一起工作；二是它大大改变了编程习惯，对于内向的开发人员来说可能不太好适应。

当然，结对编程也有优点，它进一步突出了代码评审的优点：能够更及时地发现更多的问题，相互讨论和学习，也促进了团队规范的落实。此外，两个人一起工作，更容易集中精力，提高工作效率。

22.2.3　流程顺序和卡点：事前评审和事后评审

从流程的角度来看，代码评审通常被分为事前评审和事后评审。

事前评审，是指对于一个代码改动，它只有通过了评审，才能提交，流程才能继续。比如，如果以代码改动提交作为评审的颗粒度，那么只有通过了代码评审，才能将这个代码改动提交到服务器端代码库的特定分支上。而如果以特性作为评审的颗粒度，那么只有通过了代码评审，才能提交这个特性，也就是把承载着这个特性的特性分支合并到集成分支。

事后评审则相反，如果以代码改动提交作为评审的颗粒度，那么需要先将代码改动提交到服务器端代码库的特定分支上，然后再适时评审它。而如果以特性作为评审的颗粒度，则不用等评审通过，就可以把承载这个特性的特性分支合并到集成分支。

那么，是事前评审好，还是事后评审好呢？事前评审有助于在交付过程的早期就提高质量，但由于评审过程本身比较耗时间，所以对交付的总耗时影响比较大。此外，可能会造成复杂的依赖关系：正在评审的改动依赖另一个还没通过评审的改动。事后评审则相反，上述问题都不存在了，但是可能评审有点晚：如果评审前就通过了人工的功能测试，那么根据评审进行了代码结构上的优化后，要不要再测一测，让人纠结。

其实无论是选择事前评审还是选择事后评审，关键是要把代码评审这个测试活动放在整个交付过程中各种测试活动之间的哪个位置作为卡点。代码评审是请别人来进行人工工作的，需要等人家有时间，而且需要来回交流，动静比较大。所以凡是可以自动化完成的测试活动，以及可以自己完成的测试活动，都应该尽量在代码评审之前完成。典型的，如开发人员自己做测试把功能调通，以及自己进行构建、单元测试、代码扫描、部署（有条件的话），都适合放到代码评审之前来完成。而需要别人比如测试人员做的功能测试、非功能测试，其安排、交流比代码评审还麻烦，所以应该在通过代码评审之后再做。

那么，测试人员是什么时候介入的呢？如果测试人员是在代码改动被合入集成发布分支后介入的，那么代码评审就应该作为特性分支合入集成发布分支的卡点，如果评审没通过就不允许合入。此时，如果代码评审是以特性为颗粒度的，那么就是事前评审，因为评审没通过不允许提交特性。而如果代码评审是以代码改动提交为颗粒度的，那么就是事后评审，因为是先提交到特性分支，后进行评审的。

如果在代码改动被合入集成发布分支后，先由负责该特性的开发人员在集成测试环境中自行测试，有问题再回到特性分支上继续修改，然后再次提交，那么就不是必须要把代码评审作为特性分支提交的卡点了。而是可以把卡点后移，只要在集成发布分支上提交给测试人员进行测试之前，通过代码评审就行了。此时代码评审就是事后评审。

以上是理论上的分析。从当前工具的支持程度来看，容易找到的工具支持的方法是，用合并请求之类的功能来支持以特性为颗粒度的事前评审，评审通过后将特性分支合入集成发布分支。同时工具也提供了在特性尚未开发完成时就可以开始评审的能力，此时评审不再以特性为颗粒度，可以大体上视作以代码改动提交为颗粒度的事后评审：先提交到特性分支后评审。

22.3　执行效果

22.3.1　执行效果度量

对于包括代码评审在内的所有类型的测试，都可以采用下面的方式来衡量执行效果。

在软件交付流程之中或之后会暴露出各种问题，比如测试时发现的缺陷、流水线执行时遇到的问题、生产系统的故障、线上缺陷等。对每一个具体问题进行分析，看它是不是本应当早点通过某种测试方法，就可以以相对较低的成本暴露出来，不至于到后面难测、难排查定位，而且需要进行很多的交流和沟通耽误了时间，或者造成了某种损失。如果是这样的话，那么就要对这种测试方法加以改进，争取将来可以拦截住类似的问题。

综合来看，如果通过某种测试方法早点暴露出问题，意味着更高的代价，比如需要投入比现在多得多的精力进行该项测试，那么就不要做，不是所有问题都是越早发现越好，每个阶段每种类型的测试都要各司其职。

还有可能是相反的情况，通过某项测试发现的问题就是测试的结果，与该项测试的投入也就是成本相比，意义不大，那么就要考虑用其他测试活动替代它，或者调整该项测试的时机和频率等。

总之，建立起这样的反馈机制，通过分析具体问题来讨论测试策略和测试方法的具体改进，积跬步以至千里。而这样的反馈机制需要相关的每一个人都能够就问题本身进行客观的讨论，而不是推诿扯皮，在组织结构上让相关人员属于一个小团队有利于营造良好的气氛。关于如何推动改进，以及关于组织结构的内容，这里就不展开讨论了。

22.3.2　覆盖范围：根据场景选择合适的测试力度

虽然通过代码评审能够发现问题，但是它的代价也不低——它是一个人工活动，既需要占用人力资源，又拉长了交付时间。那么，什么样的代码改动需要评审？什么样的代码改动不需要评审？由谁来评审？要回答这些问题，需要建立代码评审策略。

一般来说，如果整体软件系统规模大、耦合性强，那么代码就容易出错，而且出的错更大，还不好排查。所以越是这种情况，越要多做评审。典型的，如操作系统的开发、云计算底层服务的开发等，往往做代码评审的比率比较高。作为对比，对上层应用就未必要严格地做代码评审。

如果系统的某一部分逻辑比较复杂，那么代码就容易出错，而且出了错还不好排查。所以越是这种情况，越要多做评审。典型的，如一些核心算法模块，往往做代码评审的比率比较高。相比之下，如前端页面等，就不是很有必要经常做代码评审。

如果对系统本身的质量要求比较高，比如其涉及金融交易或者生命安全等，那么就需要加强各个环节、各种类型的测试，其中也包括代码评审，此时做代码评审的比率比较高。而开发一个小游戏、小工具等，"杀鸡就不用宰牛刀"了。

如果是一个初创产品，用户数量还不多，或者是一个尝试性的新功能，还不确定将来是不是真的要发展它，那么对它们的质量要求通常就不高，各个环节、各种类型的测试就可以先少做一些。

软件的发布方式也影响到质量要求。比如 SaaS 服务，由于随时可以更新，所以对其质量的要求就相对低些，做代码评审的比率也低些。而如果是刻成光盘卖的软件，由于软件的升级更新比较困难，那还是把质量控制得更好一点吧。

最后，开发人员的水平也很重要。对于新来的还不熟悉业务、不熟悉系统的开发人员，以及年轻的开发人员，那就需要师兄多做些代码评审，帮助把把关。

我们应该根据具体业务、具体团队的实际情况来制定相应的代码评审策略，并且最好将代码评审策略内化到代码评审工具中。比如在工具中定义好哪些代码库需要评审，哪些不需要；哪些文件或目录的改动需要评审，哪些不需要；哪些人的改动需要评审，哪些不需要；某个代码库或某个目录必须由谁来评审，等等。将来发起评审时，评审作为质量卡点，自动据此判断。

以上讨论的是代码评审策略。推而广之，根据场景选择合适的测试力度，这是一个一般性原则，适用于包括代码评审在内的各类测试。对于代码评审，这意味着有选择地评审；对于人工的功能测试，这意味着花费适当的时间设计测试、执行测试；对于自动的功能测试，这意味着花费适当的时间编写测试脚本。这些内容，我们在后面章节中不再重复说明。

22.3.3 覆盖范围：不仅包括源代码的改动

不仅包括源代码的改动，只要是由某人逐字逐句完成的改动，就要考虑是否也应当由其他人来逐字逐句地看一下。从交付过程的角度来看，覆盖范围至少还包括：

- 测试脚本，比如单元测试脚本的添加和修改。不仅要看写得对不对，而且要看该写的是不是都写了。这一般在评审源代码改动时一并看了。
- 测试用例，可能需要产品经理等一起来看。
- 各种工具、各种环境中的各种配置。

- 与数据库变更相关的脚本。

22.3.4 执行方法：代码评审的形式

代码评审有两种典型的形式。第一种形式是代码编写者与评审人一起开一个会，通常是面对面的交流和讨论，确定下来要改动的地方。理论上，阅读代码的环节应该在开会前完成，但实际上可能顾不上，也有团队干脆就在开会时一起阅读代码。而修改代码在开会后完成，完成后视情况再开一个会讨论通过。

这种评审形式存在的一个主要问题是人难约，特别是邀请的评审人比较多，或者评审人位于不同的地区时。另一个问题是，评审时有些评审人可能跟不上节奏，特别是那些在开会前没看代码的评审人。总之，让多人在同一时间做同一件事，就是不容易。

第二种形式目前越来越常见，即不用约在同一个时间，可以分头完成。借助评审工具，任何评审人都可以随时进行评审，并留下评审意见。然后代码编写者和评审人据此展开讨论，确实有问题的则修改后进行提交，并再次送审。如此往复，直到通过评审。

这种评审形式存在的一个主要问题是，评审人和代码编写者之间的沟通效率很低。解释问题是什么、讨论是不是问题、讨论该怎么改、改完后看是不是改对了，等等，这些活动都需要人和人之间的沟通。一来一回，说不定几天的时间就过去了。在开源世界中，这个问题更严重，花费几个星期是常事儿，花费几个月也说不定。

最好是两种评审形式相结合。阅读代码由评审人分别独自完成，而讨论则由评审人和代码编写者两人肩并肩地看着屏幕对着代码来进行，或者远程连线通过共享屏幕来讨论，不必等所有评审人都凑齐了一起来讨论，也不必非要通过工具一来一回地交流。这样做效率最高。

另外，两个人肩并肩地讨论时，对于特别简单的几秒钟就能改好的问题，可以随时改好，省得来回折腾。

以上讲的是以保证本次改动的质量为主要目的的代码评审。而如果代码评审的主要目的不是确保这次改动的质量，而是学习和交流以提升编程能力、形成统一的编程风格、就何时需要进行单元测试形成共识，等等，那么一起开会讨论就挺好的，甚至可以设成定期会议，每次选择一个团队成员的一段代码晒一晒。

22.3.5 执行方法：检查清单

使用检查清单（Checklist）是代码评审的一种有效的方法。在进行代码评审时，需要注意方方面面的问题，例如：

- 代码的架构合理吗？有没有进一步优化的空间？
- 代码是否符合团队的编程规范？
- 在代码中，对变量、方法等的命名容易理解吗？
- 是否适当添加了注释？
- 是否有适当的单元测试脚本？
- 是否有适当的日志和埋点？

以上仅仅是举例,实际需要注意的问题有很多,所以最好是把要从什么角度检查都列出来[1]。在做代码评审时，至少要在仔细通读代码后，把检查清单中的条目都过一遍，以避免遗漏。

不仅在别人评审代码时可以使用这样的检查清单，在自己写完代码，提交前进行检查时，也可以使用该检查清单。

22.3.6　人员能力：做代码评审需要专门的技能

做代码评审需要专门的技能，并不是每个人都可以简单地通过检查清单就能高质量地完成评审。做代码评审应该有学习材料、培训课程、辅导机制、考核机制。总之，要确保代码评审人确实具备了做好代码评审的能力。

22.4　执行效率

22.4.1　执行效率度量

执行效率度量，关键是统计一次评审从创建评审条目开始，直到评审通过的时间。如果在评审过程中发现了问题，就要跟进、讨论、澄清、修改、复核，直到所有的问题都解决了，评审通过。统计一次评审的时间是算到这里为止，而不是只算到这个评审条目第一次评审完成。

这个时间不要太长，对于企业内部开发的软件，一个星期就算已经比较长的了，最好是一两天。

22.4.2　工具辅助记录和展现：记录评审发现的问题

我们鼓励使用代码评审工具或合并请求功能内置的代码评审功能来记录在评审过程中发现的问题，这和鼓励使用缺陷跟踪工具来跟踪缺陷是一样的道理。至于为什么不使用缺陷跟踪工具来跟踪代码评审中的问题，那是因为这样的流程太重了，不需要那么复杂，而同时我们又需

1　参考谷歌的代码评审规范（链接 22）。

要在代码上下文中标注问题，使用它不方便。

使用代码评审工具或代码评审功能记录问题，并不意味着评审人在做代码评审时，只能通过代码评审工具中的留言功能来和代码编写者进行交流和讨论。我们在 22.3.4 节中讲过，比较有效率的做法是，评审人先在线下仔细评审代码，在工具中标记所有有问题的地方，并简单地记一下是什么问题，然后评审人与代码编写者肩并肩一起过一遍所有的问题，该澄清的澄清，该讨论的讨论。确认没问题的，那就把问题关闭或者直接删除；确认有问题的，则在必要时适当补充一下文字，毕竟此后这条问题记录不光是提醒评审人自己，还要供代码编写者参考。

22.4.3　工具间集成：IDE 能力

说到与代码评审相关的工具间集成，首先要提两个基础能力：一是知道这次代码评审所评审的改动的目的，其体现在代码评审说明、合并请求说明、代码改动提交说明、特性分支名称上，并且最好是链接到相关工作项；二是知道代码扫描、单元测试等自动化测试的情况，如果它们都没通过，那么就没必要进行人工评审了。

除了上述两个基础能力，还需要具备一些高级能力。如果在代码评审工具中只能看到所修改的代码或者所修改的代码所在的文件，那么这对评审人来说还是不够方便。因为评审人时不时需要查看除这个源文件之外的更多的内容，比如函数或方法的定义、类或接口的定义。它们可能与其实现在不同的源文件中，所以最好是能够看到这个代码库中所有的文件。另外，最好是能够方便地跳转到相关内容。比如方法的定义、方法的实现和方法的使用，三者之间应该能相互跳转。

如果在代码评审工具中没有提供这些能力，评审人就会觉得不方便，甚至有些评审人会因此拒绝使用代码评审工具。

那么，如何让代码评审工具具备这样的能力呢？IDE 通常具备这样的能力，可以考虑把代码评审功能融入本地或云端 IDE，这通常以插件的形式实现；或者把 IDE 的这些能力内置到代码评审工具中，它通常在云端，通过浏览器访问。

第 23 章

代码扫描

23.1　导论

23.1.1　代码扫描的概念

代码扫描，或称静态代码分析（Static Code Analyze）、静态程序分析（Static Program Analyze）等，是指通过对源代码进行静态的而非运行态的自动分析，从多个角度考查源代码的质量。

我们把代码扫描和前面介绍的代码评审放在一起做一个比较。首先，它们都是对源代码的静态分析，能瞥见源代码实现本身，因此不仅能够发现将来程序运行时（可能）会暴露出来的缺陷和安全漏洞，而且从软件的可维护性、可发展演进的角度来看，能够发现（可能）不够好的地方。这是各种动态测试手段所不具备的能力。

其次，所有自动的代码扫描能发现的问题，理论上也都可以通过人工的代码评审发现。不过考虑到人会粗心，而且人力比较贵，所以应该先自动扫描并改正相应的问题之后，再进行人工评审。另外，人工评审时不用太关注缩进使用的是空格还是 Tab 键，这些内容自动扫描已经检查过了。

最后，人工评审能发现自动扫描发现不了的问题。因为只有人才知道一段代码本来要实现什么功能、达到什么目的，现在是不是真的实现和达到了，而自动扫描对此无从判断。所以，即便做了自动扫描，人工评审也仍然是有价值的，自动扫描不能完全替代人工评审。

23.1.2　关注重点

集成了 PMD、CheckStyle、Findbugs 等一系列工具的 SonarQube 已成为代码扫描平台的主流选择，从工具功能上来说它十分强大。接下来我们要解决的关键问题是如何把工具用好，聚焦在我们真正在意的问题上，并且有机制保证这些问题确实被跟进，能及早解决。

23.2　执行时机

23.2.1　流程顺序和卡点：只卡增量

很多开发团队都把代码扫描的结果作为流程的卡点。这很好，但要注意一个关键点：不要卡存量，比如当前这个分支、这个版本一共有多少个严重的问题、有多少个不严重的问题，超过限制不行；要卡增量，比如这个新特性、这次发布不要带进去新的问题。

存量问题和增量问题都要应对，但是应该使用不同的应对方法。开发人员在开发一个新特性时，应该聚焦于这个新特性本身不要引入新的问题，顶多再顺手修一下为这个新特性改代码时，改动到的代码的老问题，而与这个新特性完全无关的存在已久的问题，应当另行处理，不应该成为这个新特性提交的障碍。同样，在集成发布分支上看增量，是为了跟最近已发布版本相比不要产生新的问题，这个是要卡住的。至于与本次改动无关的存在已久的其他问题，一般不会影响本次发布。

23.2.2　流程顺序和卡点：技术债可以通融

对于流水线上的卡点、合并请求的卡点，在代码扫描方面通常会设置一些组织级门禁，比如 blocker 和 critical 级别的问题必须修复。这是一种不错的实践。

但是同时要注意，具体的团队有其实际情况，具体的问题也有其实际情况，所以不能做得太僵化。扫描出来的问题，本质上是技术债。既然管它叫技术债，那么没必要借时就别借，但是当借则借。什么时候当借呢？比如某个特性要得实在太急了，没办法，市场情况就是这么紧急；某个特性是试探性的，将来产品是不是真往这个方向发展，其实还说不准；某个特性就是一个短期存在的特性，过了这个促销季，代码就没用了；当前这个版本就是维持，已经决定要推倒重来，等等，这些时候都可以考虑借债，而且借了还不一定需要还，多好。

反映在工具上，一方面，对于门禁的要求，不要搞成一刀切，要求一个企业中的所有团队都需要遵循相同的门禁设置。部门和团队应该有调整的机会，对于新引入代码扫描和门禁的团队，还可以考虑先适当放低要求，再逐步提高到合理值。但是注意，尽管每个部门和团队都可以调整，但是在组织级还是要考虑设置底线要求，不能比它更低。

另一方面，对于发现的问题，根据实际情况，可以考虑把它标记为本次先放过，日后再处理，于是本次卡点就不卡了。但是它还是要被记录下来，作为技术债被跟踪。那么，由谁来做这样的标记呢？对于对质量要求没那么高或者代码改动者本人相当信任的场景，可以让代码改动者本人自行决定。反之，对于有高质量要求的大型系统或者是新人需要带一带，可以增加一个适当的评审过程，以决定是否真的要"借债"。

23.3　执行效率

23.3.1　快速执行

代码扫描的速度也很重要，不过它没有构建的速度重要——因为实在是有太多的事情依赖构建，只有构建了才能部署，只有部署了才能做各种运行时的测试，这些"硬"依赖，完全躲不开，只能等构建完了再做。而代码扫描成为依赖，是因为我们"偏要"把它设置成某个质量卡点。

提高代码扫描速度的方法，可以参考前面讲过的提高构建速度的方法，比如使用更好的硬件、并行处理、只处理增量等。

现在代码扫描工具通常都提供了实时扫描的能力——在 IDE 中安装了相关插件后，随着程序的编写，自动实时地进行增量扫描，刚埋下的问题瞬间就暴露出来了。尽管由于技术原因，这样的扫描不能发现通过完整扫描发现的所有问题，但还是建议大家把这个功能用上。因为对于能发现的问题，在这里反馈特别快，改起来也特别快。于是，将来进行全面扫描时暴露出来的问题就会少很多，会省不少力气。

有些专门的安全扫描工具，执行时间就是比较长，甚至扫描一个微服务都要几十分钟。那么在想尽办法降低执行时间时，也要考虑在坚持尽早检测的同时，适当推后卡点，尽量避免"扫描发现问题—修正—再扫描"这样的循环出现在软件交付过程的关键路径上。

23.3.2　规范可重复：定制规则

尽管近两年人们开始探索在代码扫描中应用人工智能技术，但是当前代码扫描的主要方式还是机器根据明确的规则来扫描，分析并判断是否符合编程规范、是否有潜在的问题等。注意，代码扫描平台中自带的规则集或者广泛流行的规则集并不一定完全适合特定的项目，可能需要裁剪。裁剪意味着：

- 把不关心的规则去掉，省得每次扫描出来一堆不想改的问题。
- 把不太关心的规则调整到低优先级，反之调整到高优先级。

- 增加尚未收录的新规则。

不仅是规则要考虑定制，对于技术债、坏味道之类的统计值的定义也可以考虑定制，让这类统计值反映大家真正关心的事情。前面我们还讲到了门禁值的定制。

代码扫描平台需要支持这些定制，而具体的企业甚至具体的团队则要建立起定制机制。

23.4　问题处理效率

及时处理：管理技术债

管理技术债，首先是做好技术债的记录，代码扫描平台通常提供了这样的能力。而对于那些打算"永远"也不还的技术债，那就在代码扫描平台上早点把它标记为"忘了它吧"。通过代码扫描暴露出来的问题，通常是可能存在的问题，如果通过人工检查发现没问题，是误报，那么也一样早点把它标记为"忘了它吧"。

剩下的是真正要还的技术债。那么，优先还哪些技术债呢？当然是优先还严重的技术债了。技术债的记录条目，一般都分了等级，先把严重的技术债清零。此外，技术债有先有后，有新有旧，优先还新债，先与过去决裂，做到新债动态清零，团队面貌就会焕然一新。在此基础上，再逐步清理陈年老债，该改就改，该忘就忘了它吧。

从度量的角度来看，解决技术债的目标是什么呢？目标是在一段时间内，持续分配一定的开发资源偿还技术债，让总体债务量逐步下降，直到总体债务量达到一个较低的值，然后长期处于债务量较低的区间。

最后，技术债并不限于通过代码扫描找到却不想立刻改正的问题。其他情况还包括：在做代码评审时一样会有技术债，甚至开发人员在开发新特性或修复缺陷时，也会权衡决定先使用一些取巧的临时方案；或者发现了过去的技术债，但这次顾不上捎带着修了，当然应该持续重构，但总有特殊情况存在。所有技术债的处理原则都是一样的：能不欠就不欠，该欠就欠；做好记录并跟踪；优先解决严重的和新的技术债；让总体债务量逐步下降到较低值并保持。唯一的区别是，这些类型的技术债不再靠代码扫描平台条目化地记录，而是把技术债作为一类工作项，在工作项管理系统中记录。

关于各类技术债及其管理，我们就不在相关章节中重复介绍了。

第 24 章

制品分析

制品分析的概念

当前使用最广泛的制品分析工具是 JFrog 公司的 Xray[1]，此外还有 OWASP 的 Dependency-Check[2]等。然而，即便是 Xray，目前真正用起来的开发团队也不多，因为制品分析还不是软件交付过程中的主流活动。有鉴于此，本章我们只大体介绍制品分析的概念，更多细节内容请读者自行研究尝试。

静态测试，要么是分析源代码，要么是分析制品。分析源代码，人工分析就是做代码评审，自动分析就是做代码扫描。分析制品，没法进行人工分析，只能进行自动分析，也就是制品分析。

那么，制品分析有什么独特的价值呢？它能提供分析源代码所不能提供的信息吗？制品是由源代码经过构建得到的，所以只要分析了源代码不就可以了吗？

这里恰恰有一个逻辑上的漏洞。构建活动的输入通常并不仅仅是源代码，还有构建的中间产物，典型的如静态库。源代码和若干静态库共同作为输入，构建得到新的制品。新的制品可能是可以部署运行的安装包或镜像等，也可能仍然是构建的中间产物，这样就形成了递归关系。假如某个开源社区提供的静态库 A 有问题，那么以它为输入得到的静态库 B 就有问题，依此类推，最后所得到的安装包如 X、Y、Z 就会有问题。

所以我们需要对制品进行构建依赖的分析，一层一层分析出它到底直接和间接包含了哪些

1　参考：链接 23。

2　参考：链接 24。

制品的什么版本。同时我们需要有一个数据库，用于记录所有主流的开源制品的各个版本是否有问题，以及有什么问题。于是，我们就能知道被分析的这个制品，是否因为使用了这些开源制品而存在问题，以及存在什么问题。这就是制品分析的核心机制。

上面我们说的"有问题"，可以包括功能上的缺陷、性能上的问题、安全漏洞、许可证方面的问题等。上面我们说的"制品"，不仅包括静态库和在构建时使用了静态库的程序，也包括Docker 镜像，它在构建时也会把其他制品作为输入。目前一些开源镜像仓库中有相应的容器镜像扫描工具。

那么何时进行制品分析呢？首先，在构建完成并将制品上传至制品库后，应该自动触发制品分析。当我们通过分析得知制品库中的一个制品（如静态库、安装包）有问题时，就可以在制品库中把它标记出来，告诉大家，不要再用这个静态库作为输入进行构建了，或者不要把这个安装包发布出去。当然，也可以先判断一个制品是否有问题，若有问题，就不要上传至制品库了。

其次，外来制品应该经过制品分析后，再在内部使用。

再次，如果某个开源制品最近爆出有安全漏洞，那么在公司内部的制品库中，不仅要标记出来这个制品不能用，还要查出所有在构建时直接或间接依赖它的制品，并尽快处理。

最后，除了以上事件触发的制品分析，还可以把定期对全部制品进行分析作为补充，查漏补缺。

第 25 章

单元测试

25.1 导论

25.1.1 单元测试的概念

单元测试是通过直接调用程序中的方法或函数，而不是通过访问API或UI进行的。同时，在单元测试时通常只需要运行一个测试程序，测试时无须访问数据库，也不会再调用其他部署单元，而是把它们Mock掉 [1]。单元测试可以在构建环境中进行，也就是说，可以在编译构建后随即原地运行它，而无须考虑如何把测试程序部署到一个被精心管理和维护的测试环境中。

比如一辆汽车由众多零部件组成，显然不能等造好一辆汽车后再做检测，而是应该对生产出来的每一个零部件进行检测。对应到单元测试上，就是测试软件系统中最基本的"零部件"。

25.1.2 自动化测试用例和测试脚本的概念

自动化测试用例在不同的上下文中含义可能是不同的，要仔细区分。第一种含义，有些时候它就像人工测试用例，指写出来给人看的测试过程描述，比如"单击某按钮后，应该弹出对话框显示 XXX"；第二种含义，有些时候它指写出来给机器看的，让机器自动执行的测试脚本。

在本书中，测试用例总是指第一种含义，而不论是人工测试还是自动化测试。在自动化测试时，通常不再显式地把测试用例写下来，它可能就在测试人员的脑海里，最后通过测试脚本

---

1 也不是一定不能访问数据库或调用其他部署单元，确有必要时也可以通融。

体现出来。

而对于第二种含义，本书统一称为"测试脚本"。尽管有些时候它是在 UI 上通过拖曳搭配出来的，或者用类似自然语言的方式描述出来的，但是只要它可以被机器理解和执行，我们就把它称为"测试脚本"。测试脚本和数据实现了测试用例，执行测试用例就是执行测试脚本。

25.1.3　关注重点

单元测试已经有比较成熟的框架和工具，关键是如何把它们用起来并且用对、用好——应该追求一定的单元测试覆盖率吗？覆盖率是多少合适？什么时候该编写单元测试脚本，什么时候不用编写？

25.2　执行时机

25.2.1　包含改动的颗粒度

单元测试用来验证程序中最小的"零部件"是否正确，以及是否可以用它们"组装"出更大的结构。所以应该在"零部件"生产出来时就进行测试，而不要等"组装"好了再测试。

作为一个硬指标，通常每次代码改动本身都应该既包括源代码的编写和改动，也包括相应的单元测试脚本的编写和改动，并且单元测试脚本已经运行通过。

25.2.2　流程顺序和卡点：尝试性工作推迟测试

对于新创建的产品、新开发的功能、新的算法，如果不确定它们能否被市场接纳、是否受用户欢迎、技术方向是否正确，那么就为它们编写相对少量的测试脚本，等将来确定后再补充更多的测试脚本。这是因为自动化测试的主要成本体现在测试脚本的编写上，如果编写完测试脚本没运行两次就没用了，那么这将是一种浪费。

这是一般性原则，适用于单元测试，也适用于自动化接口测试、自动化 UI 测试（在后面章节中不再重复介绍）。

尝试性工作，不仅使测试脚本的编写被推迟，而且"最终"的架构也被影响了，比如先使用单体架构，将来产品用户数增加后再改成微服务架构，甚至换一种编程语言，而这又会影响编写测试脚本的时机。

不论是推迟编写测试脚本，还是先使用简单的架构，这些本质上都是欠下的技术债。关于技术债，在第 23 章中有较多的讨论。

25.2.3　流程顺序和卡点：测试驱动开发

测试驱动开发（Test-Driven Development，TDD）是极限编程中的一个实践，它意味着先写测试脚本再写功能代码，具体步骤为：

① 新增/改写测试脚本。
② 运行测试脚本，此时测试不应通过。
③ 完成功能代码的改动。
④ 运行测试脚本，通过测试。
⑤ 重构代码，以消除重复设计，优化设计结构。

测试驱动开发的价值主要体现在：

- 迫使开发人员预先想好一个方法或函数要实现什么功能，然后再想如何实现。这能带来更好的程序设计结构。
- 无须额外撰写说明文档，测试脚本本身已经描述了这个方法或函数的功能。
- 避免在编写测试脚本时思路被功能的具体实现方法所影响，测不出问题。
- 避免完成开发后懒得编写测试脚本。

从先写功能代码变成先写测试脚本，需要一定的时间来适应，从习惯的角度来讲变化很大，但它值得尝试。

25.3　执行效果

25.3.1　覆盖范围：代码覆盖率

单元测试中的代码覆盖率是指在测试脚本执行时所覆盖的源代码占所有源代码的比例。代码覆盖率可以进一步细分为行覆盖率、分支覆盖率等。我们将一个代码库中所有源代码的测试覆盖率称为"全量覆盖率"；将一次代码改动（如与特性相关的代码改动）的测试覆盖率称为"增量覆盖率"。

代码覆盖率是一个重要的参考指标，也是一个重要的提示。如果发现某个微服务的增量覆盖率与其他类似的微服务的增量覆盖率相比，持续地明显偏低，这时就要请单元测试能力比较强的同事挑几个最近的改动看看，是不是该写的没写。如果某个微服务的全量覆盖率从一个很低的值开始持续地提升，并且在团队回顾会中大家都普遍认可，认为提升了质量和效率，那么就说明这样很好。代码覆盖率不仅在统计意义上有价值，而且对于具体某个特性、某个方法或函数的测试脚本的编写也有价值——它可以指导测试用例的设计，帮助找到漏测场景。

然而，注意不要误用代码覆盖率。代码覆盖率不是越高越好，因为测试脚本是需要时间和精力来编写的。在具体业务场景下，有其特定的相对合适的代码覆盖率。比如在质量要求高、逻辑密度大、偏底层、需要长期维护的业务场景下，代码覆盖率就应该高些。对于核心业务逻辑，甚至可以要求代码覆盖率为 100%，而且要覆盖多个边界场景。而前端模块基本都是用来进行简单转发的微服务，其代码覆盖率接近于零都没关系。如果一定要给代码覆盖率设定一个参考值的话，那么只能分为多种场景，然后在每种场景中给出一个相对宽松的最低参考值。

另外，如果要将代码覆盖率作为质量卡点中的条件之一，则需要谨慎。当单元测试普及后，使用这招还可以——"先僵化，后优化，再固化"[1]——先改变习惯，然后把单元测试做起来体会一下再说。然而，最好不要长期使用这个方法。比如刚开发完成的一个特性，也许正好涉及核心逻辑，需要编写单元测试脚本执行 100%覆盖；但也有可能就是一些配置定义或者文案方面的改动，编写单元测试完全没意义。如果非要设置一个增量覆盖率大于或等于 80%之类的卡点，则会带来毫无意义的单元测试脚本。用增量覆盖率做卡点不合适，用全量覆盖率做卡点也不合适。凭什么因为与本次改动毫无关系的技术债，使得本次改动被卡住？那是应该编写一个毫无意义的单元测试脚本以求赶紧逃脱，还是再多点花时间看看在代码库的哪里应当补一补单元测试？这些似乎都不是现在该做的事情。

从长期统计意义上来说，代码覆盖率更有价值；而对于具体的一次改动，它的价值就小了很多。如果本次改动的代码覆盖率太低时能给出提示，甚至给出具体有哪些代码没被覆盖，那么就比较有意义了，但是别做成硬性的卡点。究竟该编写多少单元测试脚本，需要编写者本人根据具体情况来确定，并可以请代码评审人来判断和把关。

另一个思路是，在统计代码覆盖率的工具中进行设置，过滤掉大概率无须测试覆盖的部分，只统计大概率需要测试覆盖的部分。如果设置得足够好，那么要求设置增量覆盖率大于或等于 80%之类的卡点就变得合理了。

25.3.2 人员能力：测试设计是一门学问

在第 22 章中，我们提到做代码评审需要专门的技能。做测试设计也一样需要专门的技能，甚至可以进一步表述为，测试设计是一门学问。所有需要设计的动态测试，不论是人工测试还是自动化测试，都是如此——单元测试是如此，接口测试、UI 测试更是如此。

1　参考：链接 25。

这里所说的测试设计是一个笼统的概念，细分的话，包括测试的分析、设计和开发。对于人工测试，可以大体认为它的最终产出是测试用例；对于自动化测试如单元测试，可以大体认为它的最终产出是测试脚本。

在测试设计过程中，我们不仅要解决"测试一个函数，该怎么写脚本"这类问题，还要考虑清楚测试哪些情况、哪些异常值和边界值，或者干脆不对这个函数进行单元测试。这需要在成本和收益之间进行平衡。

既然测试设计是一门学问，那么单元测试就应该有学习文档、培训课程、辅导机制、考核机制。总之，要确保开发人员除了具备代码开发能力，还要具备编写单元测试脚本的能力。

对各类动态测试（包括单元测试）大多需要进行设计，且需要相关人员具备相应的设计能力。可见，本节内容是通用的，后面各章节中不再重复。

25.4 执行效率

25.4.1 快速测试准备：测试脚本的自动化生成

在进行自动化测试时，执行的自动化测试脚本显然无法完全自动化生成，因为工具并不知道代码功能逻辑应该是什么样子的。如果为了提升自动化测试覆盖率这个度量指标的值，而去做测试脚本自动化生成的事儿，那么就是在自己蒙自己。

然而，测试脚本在一定程度上是可以自动生成的。典型的，如生成测试的框架结构供相关人员填充具体的测试脚本；或者根据被测函数的各个输入参数生成可能的典型值和边界值的组合，继而通过 try...catch 来观察是否会引发代码的异常、崩溃和超时等问题。总之，先自动生成一些基础内容，供相关人员选取调整或进一步丰富完善。

25.4.2 快速执行：只测试增量部分

能不能只执行本次改动所影响到的人工测试用例或自动化测试脚本呢？这几乎是执行任何动态测试都要考虑的问题。

为此，先要做到人工选取。人工分析本次改动的影响范围，知道哪些地方可能会出问题，然后进行有针对性的测试。对于自动化测试，就是人工选取某些测试脚本或者某些目录、某些分类下的所有测试脚本后，工具支持自动执行这些测试脚本。

再努力做到自动选取。工具自动分析出哪些测试脚本运行时涉及本次改动的内容，然后自动运行这些测试脚本。那么，如何做呢？如果在运行测试脚本时，记录下这个测试脚本执行了哪些代码，那么就可以反查出某块代码与哪些测试脚本相关。这就是精准测试[1]的核心思路。

为了快速执行测试，还可以考虑采用并发执行、提高硬件性能等方法，这里不再详细介绍。

25.5　问题处理效率

25.5.1　快速定位：调试器

软件调试器（Debugger）为软件调试提供了巨大便利：可以逐步执行代码，查看变量中存储的值，监视变量值何时改变，检查代码的执行路径，等等。这比单纯地看日志效率高多了。

一般来说，主流技术栈及配套的 IDE 等工具都提供了调试功能（非主流的技术栈则不一定提供），让开发人员能够方便地调试，否则排查问题就会很低效。

软件调试器不仅用于单元测试遇到问题时的调试，对于各种动态测试它都可以帮忙。

25.5.2　记录版本

单元测试脚本一般随源代码一起存储，按规范存放在同一个代码库中的不同目录下。

1　参考：链接 26。

第 26 章

自动化接口测试

26.1 导论

26.1.1 自动化接口测试的概念

接口测试是指调用程序提供的接口进行测试。接口测试一般是自动化执行的，而不是人工执行的。对于刚开发完的接口，在 Postman 之类工具的辅助下，人工测一测、调一调，还可以接受。但正式的、大规模的、回归性质的接口测试，则必然应该是自动调用测试脚本完成的。这是因为接口测试的测试脚本编写起来还算容易，维护成本不高，测试自动化执行也容易做到比较稳定，所以综合来看，做自动化测试很划算。

26.1.2 关注重点

在保证测试稳定、可重复的前提下，通常重点关注如何提高测试设计特别是测试脚本开发和维护的效率。

26.2 执行时机

26.2.1 包含改动的颗粒度

应尽早开展接口测试，别等到特性代码改动都被提交到集成发布分支，甚至本次计划发布的所有特性都被提交到集成发布分支了，才做接口测试；否则，将导致反馈有点晚，排查、修改起来有点烦，特性之间还会相互牵绊。

应尽量在特性分支上做接口测试。如果一个特性涉及多个接口的改动，那么就别等到整个特性都实现后再做接口测试。应尽量做到每改动一个接口，就进行一次测试。

26.2.2 流程顺序和卡点：先做增量测试

如果对接口做了改动，则需要相应地增加或修改测试这个接口用的测试脚本。对于改动后的测试脚本，应该被优先测试，而不是随着测试脚本的全集一起进行测试，因为这些测试脚本执行失败的可能性比其他测试脚本执行失败的可能性大。原因有二：一是本次改动的代码尚未经过充分测试，可能问题比较多；二是测试脚本本身尚未经过测试，可能问题也比较多。

等这些测试脚本执行通过后，再考虑那些本应保持功能不变，但可能因为本次改动而引入了缺陷的接口的测试脚本。这通常需要人工选择一些脚本、脚本目录、脚本标签，然后自动执行。

以上两类测试脚本，最好是在提交代码改动之前就执行通过。次之，在特性分支被提交到集成发布分支之前就执行通过。如果难以做到的话，那么就在集成发布分支上优先执行它们。

最后是全量回归测试，它通常在集成发布分支或者部署流水线上执行。如果量不大的话，则可以考虑在特性分支上先执行一遍。

26.2.3 流程顺序和卡点：测试驱动开发及其变体

不仅是单元测试，自动化接口测试也应当尝试测试驱动开发。

其中，对于接近端到端的针对用户实际使用场景的测试（详见 26.3.3 节），一般采用测试驱动开发的一个变体：验收测试驱动开发（Acceptance Test Driven Development，ATDD）。验收测试驱动开发的方式大体是，首先讨论澄清需求并以特定方式表达，然后并行进行特性的开发和测试脚本的开发，最终让特性的实现可以通过测试脚本。

26.3 执行效果

26.3.1 覆盖范围：较高的覆盖率

自动化接口测试一般应该有较高的覆盖率。我们可以采用最简单的统计方式，看所有接口中至少被一个自动化测试脚本直接覆盖的接口占多大比例。一般来说，除了特别简单的、自动生成的以至于很难出问题的接口，每个接口都应该被覆盖。

这既包括相对来说上层的接口，即被前端直接调用的接口，也包括相对来说下层的接口，即总是被其他接口调用的接口；既包括某个系统或子系统直接对外暴露的接口，也包括其内部不同部署单元之间的接口。

当一个已经有一定历史的程序开始引入自动化接口测试时，应该优先编写新开发的特性对应的接口。如果一个公共函数或方法的改动可能影响到若干个接口，那么就尽量借这个机会，把这些接口所需的接口测试脚本都补一下。而对于历史上开发的接口，改动不涉及它的时候可以先不编写接口测试脚本。

不要单纯追求这个简单的覆盖率指标，发现没被覆盖的接口就草草地编写一个测试脚本对付过去。而是为每个接口编写测试脚本时，都应该考虑该接口输出的各种可能情况，进而考虑对输入数据的正常值、边界值、异常值等的覆盖程度，甚至考虑对后端的数据内容和服务状态的验证，以及更多的异常场景。当然，也可以考虑统计接口测试的行覆盖率。总之，越是对质量要求高的接口，越是容易出错的接口，越是应当覆盖得全面一些；反之，则可以先覆盖主要路径。

26.3.2　覆盖范围：仅在必要时 Mock

在做接口测试时，有虚拟对象（Dummy）、伪对象（Fake）、存根（Stub）、间谍（Spy）、模拟对象（Mock）等多种实现测试替身（Test Double）的方法来模拟其他微服务或外部系统。在本书中，为行文方便，我们简单地将它们统称为 Mock。

如果一个特性涉及一条调用链路中多个微服务上的接口的改动，那么在为每个接口编写测试脚本时，是否应当 Mock 掉一个微服务对其他微服务的调用？

基本的建议是，如果这个特性的交付时间特别紧，那么就多人并行开发各个微服务，等每个微服务都开发完成后，确有必要的话，再考虑适当 Mock 后进行初步测试，尽早发现微服务存在的问题。当然，如果这件事情已经由单元测试做了，或者其本身的逻辑简单，没什么好测试的，那么就先不用测试了。

当一个微服务所直接和间接调用的微服务都开发好并且测试通过后，则一般应当弃用 Mock，测试该微服务提供的接口，像生产环境运行时一样调用完整的链路。一条链路整体表现没问题了，才是真的没问题，接口测试要负责这件事情。在全量回归测试集中，也应当包含这样的测试，供将来反复使用，以确保功能没有被其他相关修改破坏。

还有一些情况不得不用 Mock，典型的，如程序依赖某个外部系统，而这个外部系统不能随意测试，或者难以构造出适当的场景。针对此问题，应当想办法从根本上解决，同时从现实条件考虑，在短期内可以使用 Mock 的方式。

如果因为测试执行慢、测试不太稳定等原因而采用 Mock 的方式，那么服务调用方除随时调用Mock进行测试外，还应该同时以相对较低的频率调用服务提供方的真实接口进行测试，比如每天测试一遍，以发现服务提供方的不当改动。而服务提供方在改动了代码之后，它也可以使用上述测试脚本先测试自己提供的服务是否满足过去和（各个）服务调用方达成的"契约"。以上是契约测试[1]的核心思想。

Mock 是聊胜于无的最后一招，仅在必要时使用。

26.3.3　覆盖范围：单次调用和完整场景

对接口的测试首先是单次调用，看接口返回的结果是否正确。但这不足以保证接口肯定是没有问题的，因为不同步骤之间的配合还可能有问题。

除测试单次调用之外，还应当测试完整的场景。比如完成一次网上购物下单这样的场景，甚至更进一步，从查找选中商品一直到交易完成这样的场景。

26.4　执行效率

26.4.1　工具间集成：特性、测试脚本、测试执行、缺陷之间的关联

新增的测试脚本或者对已有测试脚本的改动，应该关联到特性。这样一来，将来查找起来就容易知道为什么这么写测试脚本，它在测试什么功能。同时，也可以方便地选定与某个特性强相关的测试脚本并执行。

那么，如何实现这个关联呢？如果测试脚本是和源代码放在一起的，那么在相应的特性分支上修改测试脚本就行。而如果测试脚本是放在测试管理工具中单独管理的，那么常见的方法是在它上面加一个属性、打一个标签，记录它与特性的关联关系。这样就有点麻烦，测试脚本的编写者可能懒得做。

我们看看测试的执行情况。测试的执行应该是有执行记录的，在测试报告中通常包含这些内容：测试是什么时候执行的、基于什么版本、在哪个环境中、执行了哪些测试脚本、使用了哪些测试数据，以及每个测试脚本的执行日志和结果、汇总结果等。

我们再来看看所发现的缺陷情况。一个缺陷应该关联到一个测试脚本的一次执行。从缺陷的角度来讲，应该随时可以看到一个缺陷是在哪个版本上执行哪个测试脚本测出来的、具体的执行日志和数据，以及是哪个特性上的缺陷，等等，以方便对这个缺陷进行定位和修复。而从

1　参考：链接 27。

特性的角度来讲，应该可以看到它是否通过了测试可以发布，以及还有哪些相关的缺陷尚未修复，等等。

如何建立相应的关联呢？在一次测试执行的测试报告中定位到某个执行失败后，可以方便地创建相应的缺陷条目，在创建时自动把相关信息填到这条缺陷记录的各种属性中，自动建立起这样的关联。

26.4.2　自主完成：鼓励开发人员编写测试脚本

我们都知道，单元测试的测试脚本应该由代码开发者本人编写，那么自动化接口测试的测试脚本应该由谁来编写呢？

在考虑测试脚本由哪个角色来编写时，主要是考虑三件事情：一是当业务代码和测试脚本由不同的人来编写时，他们之间要比较频繁地进行沟通和协调，导致效率不高。二是编写测试脚本需要具备编程能力，而且需要对业务代码本身比较熟悉，特别是其架构/结构，越是偏代码本身的测试如单元测试，越是如此；而越是偏上层的测试如自动化 UI 测试，则越不需要这方面的知识。三是编写测试脚本需要具备测试设计能力。我们前面讲过，测试设计是一门学问，越是偏上层的、偏整个场景的测试，则越需要相关人员具备测试设计能力。

所以综合来看，越是偏代码本身的测试，越是应该由业务代码编写者自己来完成；而越是偏业务场景的测试，越是要考虑由具备专业测试能力的人员来完成。

对于自动化接口测试，其本身就既包括偏代码本身的测试，比如对底层接口的测试，又包括偏业务场景的测试，比如调用前端背后"对外"的上层接口，完成一个业务场景的测试。所以我们鼓励开发人员自己编写测试脚本，从测试底层接口开始，从测试单次调用开始。随着开发人员的测试能力的提高及其对软件整体功能和架构越来越熟悉，则可以考虑让他们进行更上层、更完整场景的测试脚本的编写和维护，甚至所有的接口测试脚本都由他们自己来完成。

而测试方面的专职人员，则应该将精力集中在测试工具、框架等基础设施的建设，提高开发人员的测试能力，为具体项目和产品制定测试策略等工作上。

当测试脚本编写完成后，也要考虑进行评审——除了由其他开发人员进行同行评审，也可以考虑邀请测试人员从测试专业的角度进行把关。

26.4.3　快速测试准备：测试脚本与测试数据分离

有时若干个测试脚本在测试目标上很相似：都是测试同一个接口，或者都是测试同一组接口以完成一个完整场景。只不过不同的测试脚本调用接口时输入的是不同的数据，以反映不同的一般等价类。此外，接口的输出也不尽相同。

于是，这些测试脚本在脚本本身的文本上也很相似，区别只是输入数据的值不同而已，或者对输出结果的判断不太一样。那么按照软件设计的基本原则，分离变化与不变的部分，我们应该把测试脚本与测试数据分离，每次测试时，把不同的数据输入相同的测试脚本中，并验证输出是否正确。

这样一来，在编写测试脚本时，就不用把相近的测试脚本写很多次了，只写一次就够了。当软件功能发生变化，需要修改测试脚本时，也不用重复修改多个相近的测试脚本，只改一个就够了。当我们想涵盖输入数据的更多可能性时，通常不用改动测试脚本，只要再添加一条数据就行了。

将测试脚本与测试数据分离，这种方法被称作"数据驱动测试（Data Driven Testing，DDT）"。数据驱动测试不是要做个形式，把数据放进如 Excel 表格中，关键是不同的测试用例的实现方式：使用相同的测试脚本匹配不同的测试数据，以达到降低自动化测试脚本开发和维护成本的目的。

不论是单元测试、自动化接口测试还是自动化 UI 测试，都应当考虑测试脚本与测试数据分离。

26.4.4　快速测试准备：测试脚本的分层与复用

当我们审视一个完整的测试场景时，可以看到它是由若干阶段组成的，甚至每个阶段又由若干步骤组成，每个步骤由若干操作组成……它们是层级关系。而一个相同或相近的阶段又可能出现在其他测试场景中，一个步骤、一个操作也可能出现在不同的位置。

可见，类似于软件架构，测试脚本的架构也需要分层、抽象、复用，强调扩展性。做得好的话，编排一个测试场景，无须写具体的接口和完整的输入参数，用接近自然语言的话来描述，或者通过拖曳就完成了。这样可以明显地降低测试脚本的开发和维护成本，以及降低对测试脚本编写者的编程能力的要求。

页面对象模型、业务流程抽象[1]、关键字驱动[2]是这一思路的典型代表。

不论是自动化接口测试脚本还是自动化 UI 测试脚本，都应该考虑分层与复用。

1　页面对象模型和业务流程抽象，请参考《测试工程师全栈技术进阶与实践》一书。

2　关键字驱动，请参考：链接 28。

26.4.5　快速测试准备：测试数据的分层与复用

举一个极端的例子，如果每个测试用例都需要自带用户验证环节，那么它们就都需要自带用户名和密码之类的测试数据。显然，不需要为每个测试用例都单独维护这样的测试数据，而是应该统一维护，每个测试用例都使用该测试数据。

不论是自动化测试还是人工测试，针对测试时输入的测试数据，均应考虑分层与复用。

26.4.6　快速测试准备：事先创建测试数据的方法

有些测试数据需要预先输入被测系统，比如输入被测系统的数据库中。对于这类测试数据，尽量不要通过 SQL 脚本直接输入。原因是：不同测试表的数据之间是有关联的，这种关联可能还很复杂，直接修改测试表中的数据，容易造成被测系统数据的不一致，导致出错。

那么应该如何事先创建测试数据呢？方法一是把生产环境的数据导入测试环境中。这时要注意两点：一是如果导入的数据量太大，导入本身比较花时间，导入后也比较占地方，则可以考虑只导入一个子集；二是如果有身份证、手机号等敏感数据，则需要先做数据清洗。

方法二是通过被测系统本身的运行来生成测试数据。既可以通过调用接口输入测试数据，也可以通过人工或自动操作程序的用户界面（UI）来生成测试数据，当然最好能自动完成。

不仅自动化接口测试是这样的，其他动态测试也基本都是这样的。

26.5　问题处理效率

26.5.1　快速定位：问题自动分类

通过测试发现的问题，可能是程序本身或测试脚本的问题，也可能是其他问题，比如测试环境中的网络、其他部署单元没有启动等引起的问题。如果能对测试报出的问题先自动进行初步的分类，推断出可能的原因，那么对于后续的排查和修复就会很有帮助。当然，这样的分类未必 100%准确，需要人工确认或调整，得到最终分类结果。

26.5.2　快速定位：接口调试工具

接口调试通常借助类似于 Postman 这样的接口测试和调试工具来完成——预置接口输入数据，调用接口，查看接口输出信息。

26.5.3　记录版本：与源代码同步

单元测试脚本通常与源代码放在一起，并且一起拉出特性分支，一起提交，所以它们之间很容易实现同步。

自动化接口测试脚本最好也这样处理。针对特定接口的测试脚本，最好是与该接口的实现代码放在同一个代码库中管理。当然，对于先后调用了多个代码库中多个接口的完整场景的测试脚本，就要考虑放在单独的一个代码库中。在这个代码库中，也可以拉出与其他代码库中的特性分支同名的特性分支，为该特性相应地增加或修改测试脚本。

对于新增或修改的测试脚本，最好是先在测试脚本编写者的个人环境中执行，以方便排查问题，随时对测试脚本进行调整，并防止干扰到别人。比如在开发人员的本地个人开发环境中执行，执行通过后再把对业务代码和测试脚本的修改一起提交到服务器端代码库，就像对待单元测试脚本那样。

有些自动化接口测试管理工具是自己存储脚本，比如把测试脚本存放在自己的数据库中，这时就需要有相应的修改历史自动记录能力，并且还需要提供相应的功能，供测试脚本编写者手动把脚本或者脚本的改动关联到相应特性。不过，这样做其实有点麻烦。

在代码库中，使用特性分支隔离正在开发的特性，防止它干扰到别人。而如果是自动化接口测试管理工具自己存储测试脚本，那么一般就通过使用标签、组、集合等方式来隔离正在开发的特性对应的测试脚本或对测试脚本的修改。然后等业务代码从特性分支合入集成发布分支时，再对标签、组、集合等操作一番，把正在开发的特性对应的测试脚本或对测试脚本的修改加入全量回归测试集中。但是考虑到可能有多个集成发布进程并行，这样做可能更麻烦。

最后，不仅是测试脚本应当被纳入版本控制中，测试执行时输入的测试数据也应当被纳入管理中，管理的原则和方法同上。

26.6　避免引入问题

26.6.1　引入问题度量：减少误报

什么是误报？误报就是指业务代码本身没有问题，但是测试时报出了问题。假如测试时报出 100 个问题，其中 80 个是真的有问题，20 个其实没问题，那么误报率就是 20%。每次误报都会带来排查、确认等成本。在极端情况下，大家会因为误报率太高而放弃自动化测试，或者执行自动化测试但不对结果进行分析。我们应该努力减少误报这种情况的发生，降低误报率。

对误报的原因应该做进一步的分类并统计。对于有些原因，只要修改一次就不会再次发生误报了，比如测试脚本没有写对，或者业务代码修改了，但是没有对测试脚本做相应的修改，那么只要把测试脚本改对了，或者对测试脚本也做了相应的修改，就再也不会发生同样的误报问题了。这些误报带来的成本都可以被算在自动化测试脚本的维护成本里。还有些误报问题可能会反复随机出现，原因可能是网络连接不稳定、所依赖的程序在升级期间服务中断等。如果这类问题导致误报率比较高，则需要特别重视并根治。

26.6.2　隔离性：不受其他测试干扰

对于相同的被测系统版本，一个测试用例在反复执行时或者在不同时间执行时，其执行结果应该是相同的。如果没有妥善管理测试用例，则可能会发生如下情况：

- 曾经执行或正在执行的其他测试用例，干扰到了当前测试用例的执行。
- 某个测试用例曾经执行过或者正在执行，干扰到了再次执行它或并行执行它。

通常采用如下方法来避免以上情况的发生：

- 不同的测试人员、不同的测试任务，使用不同的账号或其他 ID，这样就不会修改到相同的数据。账号或其他 ID 可以是动态分配的，用毕回收。
- 测试时生成新的数据，而不是改变已有数据。
- 一个测试用例改变了被测系统中的数据后，紧接着把数据恢复回来，仿佛什么也没发生过。
- 定期或随时重新生成所有测试数据。
- 限制并行执行。这个作为不得已的法子。

26.6.3　隔离性：管理测试用例之间的依赖

测试用例之间的依赖，是指在执行测试用例 B 之前，必须先执行测试用例 A，否则会出错。

这并不是说测试用例之间一定不能有依赖，而是说有依赖时要管理好依赖——明确记录下测试用例之间的依赖，然后自动先执行被依赖的测试用例，避免出错。

在进行人工测试时，也需要考虑测试用例之间的依赖，此时固然无法自动先执行被依赖的测试用例，但也应该给测试人员足够的提示信息，方便其先来执行被依赖的测试用例。

26.6.4　工具可靠性：测试数据备份

不仅工具要可靠，在测试执行前对已录入被测系统的测试数据也要考虑备份和恢复，特别是当这些数据不容易准备时。

第 27 章

人工 UI 测试

27.1 导论

27.1.1 UI 测试的概念

UI 测试是指通过用户界面（User Interface，UI）操作软件来进行测试的方法。尽管用户界面可以是命令行等多种形式，但常见的还是图形用户界面（Graphic User Interface，GUI），包括通过浏览器看到的网页，也包括移动端应用页面等。

UI 测试检验的是前端展现+后端逻辑整条链路的质量。单独针对前端的测试，前端开发人员自己来完成即可，这里不讨论这种情况。

通过 UI 测试不仅检查有没有缺陷，而且检查软件是否满足产品设计的本意，因此也需要产品经理、产品负责人的参与。此时该测试被称作验收测试。有时候，验收测试是由用户完成的。

UI 测试可以人工执行，也可以自动化执行。本章介绍前者，第 28 章介绍后者，它们之间不能完全相互替代，因为测试目的、时机和范围都不一样。

27.1.2 关注重点

如果你还在使用相对传统的方式来开发和交付软件，那么最重要的事情就是想尽办法去掉人工的全量回归测试，因为它太费人力资源了，而且严重影响集成发布的速度和频率。

如果已经去掉了人工的全量回归测试，那么重点是关注如何进一步提高测试角色的响应速度和工作效率。

27.2 执行时机

27.2.1 包含改动的颗粒度

开发人员应该随时自测。而当一个特性开发完成后，应该完整地测试一下。

测试人员则要避免在所有特性开发完毕快要发布时才开始实际的测试工作。当然，如果迭代周期较短，发布比较密集，则还好。一般来说，不必等到所有特性开发完毕，集成发布分支上有了可测试的内容就随时测试。更好的做法是在特性改动提交前测试，测试通过了再提交到集成发布分支。

27.2.2 流程顺序和卡点

开发人员自己做测试，随时可以进行。但是由测试人员进行的人工功能测试则应尽量排在单元测试、代码扫描、自动化接口测试之后，因为这些自动化测试的执行既快，成本又低，而且开发人员自己就能控制，不会打扰到别人。

测试人员进行的人工测试也应该排在代码评审的后面，因为针对人工测试出的问题所做的修改，请别人再评审一次成本很低；而针对代码评审出的问题所做的修改，请别人再测试一遍成本很高。

27.3 执行效果

覆盖范围：避免全量回归测试

人工的全量回归测试，是指攒下成千上万个测试用例，在发布前人工测试一遍，以保证质量。这个方法很低效，需要耗费大量的测试人力资源。并且由于它需要耗费大量的人力资源，因此自然而然地就会倾向于攒下一大堆改动一起做一次测试，于是在一个特性从开发完成到发布的过程中，就会包含大量的等待时间，总时间被拉得很长。

人工的全量回归测试，这些年越来越少见了。如果你的项目、你的团队还在进行人工的全量回归测试，那么就快改改吧！

如何改呢？大体上有以下这些思路：

- 测试能不能左移？靠单元测试、代码评审、开发人员自测试等方法，早点把质量控制好，避免靠人工的全量回归测试把关。
- 测试能不能更多地自动化？
- 能不能提高测试范围分析的能力？精准地测试可能受到影响的功能，而不是广撒网。
- 测试能不能右移？靠灰度测试、众测等方法，在把新版本发布给所有用户之前，让"吃螃蟹的人"先发现问题。
- 考虑到出了问题可以回滚发布、热修复，产品还真的需要那么高的发布质量吗？

27.4　执行效率

27.4.1　工具间集成：特性、测试执行、缺陷之间的关联

前面提到过，在自动化测试时，特性、测试脚本、测试执行、缺陷之间存在着关联关系。而在人工测试时，特性、测试执行、缺陷之间也存在着关联关系，这是本节要讲的内容[1]。

当测试人员测出问题创建缺陷时，需要填写与这个缺陷相关的一系列信息，比如对应哪个特性、测试的是哪个版本等，以建立关联关系。这些信息尽可能自动填写好。比如在流水线上执行人工测试时，在相关页面上点击按钮创建缺陷，自动带上当时测试的特性和测试的版本等信息。

于是，不仅可以在查看该缺陷时获得相关信息，而且可以自动产生本次测试的报告和统计数据——测试了哪些特性、哪些特性测试通过了、哪些特性测试有问题以及都有哪些问题，进而跟进当前计划发布版本的情况——还有多少缺陷没解决、还有多少缺陷没验证，以决定何时进行下一轮测试，或者何时可以发布。

而从特性的角度来讲，也可以查看与它关联的缺陷情况。当与它关联的缺陷情况发生变化时，特性本身的状态也应当自动地发生相应的改变。

27.4.2　自主完成：开发人员自测

开发人员负责开发，测试人员负责测试。这是错误的认识。开发人员自己就要尽力保障代码的质量。测试人员做测试，要记录发现的问题，要和开发人员进行交流，要进行验证，和开发人员自己做测试相比，效率低了很多。之所以让测试人员来测试，有两个原因：一是由另一

1　严格地讲，还应该包括与测试用例的关联关系。但我们更鼓励探索性测试，而不是事先写好详细的测试用例，因此这里没有特别提及测试用例。

个人来复核，能发现更多的问题，这与找人做代码评审的道理是一样的；二是测试人员有更强的测试技能，能发现更多的问题。

开发人员自测，不仅要跑通主要流程和路径，还要考虑边界值、异常值等情况；不仅要测试新特性，还要凭自己的分析，测试本次改动可能影响到的功能。总之，开发人员不是简单地测测，而是要尽自己所能把质量控制好。

如果一个特性牵涉到不止一个开发人员，那么就应该明确地有一个开发人员对这个特性的总体质量负责，在各人都完成自己的开发和测试后，对关于该特性的全链路进行完整测试。

27.4.3 快速测试准备：探索性测试

传统的软件测试是严格的"先设计，后执行"的过程：根据需求详细地规划和设计测试，作为测试计划、测试用例记录下来，并进行评审等活动。当这些都做完后，再执行测试。这样一来，不但要写的文档比较多，流程比较长，而且在测试执行之前都是"空对空"。

而探索性测试是"边执行，边设计"——在了解了需求和背景后，一边测试，一边学习被测系统，一边基于对它的最新认识进一步设计测试。相应的，设计过程也不必那么复杂，顶多用文字简单记一下要点，这样一来，效率就高多了[1]。

27.5 问题处理效率

快速定位：UI 调试工具

对于以网页形式呈现用户界面的软件，网页浏览器的开发者调试工具能为程序的调试提供很多便利。这类工具的主要功能包括：

- 查看或修改 HTML 元素的属性、CSS 属性、监听事件、断点。
- 执行一次性代码，查看 JavaScript 对象，查看调试日志信息或异常信息。
- 查看页面的 HTML 文件源代码、JavaScript 源代码、CSS 源代码。
- 查看 header 等与网络连接相关的信息。

对移动端应用的调试，包括模拟器上的调试和真机上的调试，也有一系列方法和工具。

---

1 关于探索性测试的更多介绍，请参考：链接 29。

第 28 章
自动化 UI 测试

28.1 导论

关注重点

和自动化接口测试相比，自动化 UI 测试脚本的维护成本往往更高。因此，类似于自动化接口测试，自动化 UI 测试要重点关注如何提高测试设计特别是测试脚本开发和维护的效率。

此外，自动化 UI 测试受各种因素干扰比较多，容易误报、误判。提高测试稳定性，减少误报、误判，也是要重点关注的内容。

28.2 执行时机

包含改动的颗粒度

自动化 UI 测试一般不用于新特性的验证。若对新特性执行测试，则主要是验证测试脚本写得对不对：若程序有问题则报错，若程序没问题则通过。

自动化 UI 测试一般用于对最核心功能、最常用路径进行回归测试。它测出代码问题的可能性不大，误报率却比其他自动化测试高不少。所以与自动化接口测试、单元测试等相比，它包含的代码改动可以适当多些，执行时机可以适当晚些，比如到集成发布分支上再时不时执行一遍。但是，至少要保证产品发布上线前执行过全部的自动化 UI 测试用例。

28.3　执行效果

覆盖范围：最核心功能

自动化 UI 测试一般用于对最核心功能、最常用路径进行回归测试。

在新功能测试方面，偏前端、偏展示层的问题，容易被一眼看出来，不需要编写测试脚本进行测试；偏后端、偏算法和逻辑的问题，已经被更容易维护的接口测试脚本所覆盖，所以没必要执行自动化 UI 测试来测试新功能。

在回归测试方面，由于自动化接口测试脚本比自动化 UI 测试脚本通常更容易维护，而它们发现问题的能力也差不多，所以全量回归测试应该主要靠自动化接口测试，只是用自动化 UI 测试作为补充，检查是不是全链路都完全拉通了。因此，自动化 UI 测试通常覆盖最核心功能、最常用路径就行了。

当然，如果对产品质量要求特别高，或者采用了先进的方法，使测试脚本的开发和维护成本降低了很多，那另当别论。

28.4　执行效率

快速测试准备：录制还是编写

UI 测试脚本的开发有两种方法：一种是录制，人工完成测试，用工具记录下过程和步骤，将来复现；另一种是编写，直接人工编写测试脚本。

从短期来看，录制的方法效率高，很快就可以生成一个自动化测试用例。但维护起来麻烦，一般有变动就得重新录制，并且有多少个测试用例，就得录制多少个，即使它们很相近。

编写的方法则相反，虽然开发一个测试脚本效率低，但维护起来容易，可以局部修改。在测试脚本架构良好，支持分层、抽象、复用的情况下，做出 100 个自动化测试用例，并不需要 100 倍的时间，而是会节约很多时间。所以在大多数场景下，应该优先考虑编写测试脚本的方法。

而录制的方法可以作为辅助和补充：先用录制的方法自动生成执行一些步骤、操作之类的模块和片段，然后加工并封装好，供编排串联整个场景时组合使用。

28.5　问题处理效率

记录版本：单独存放

自动化 UI 测试脚本通常不和源代码放在一起，因为代码库太"碎"了，自动化 UI 测试是对产品整体的测试，其脚本不好分配到各个源代码库中。

我们可以把自动化 UI 测试脚本单独放在一个代码库中。如果是自动化 UI 测试管理工具自己存储脚本，比如把测试脚本存储在自己的数据库中，那也可以，但是注意也要记录版本。由于自动化 UI 测试脚本的量比较少，并且常常是"事后"补的，所以对它与源代码改动同步的需求不是那么强烈。

第 29 章

非功能测试

29.1　导论

29.1.1　考查范围

　　与功能测试相比，各种非功能测试往往更为专业。本章主要对各种非功能测试进行简单的介绍，并对何时进行哪种非功能测试给出基本的指导，读者可以根据项目实际情况制定自己的测试策略。

29.1.2　关注重点

　　我们先把关注重点放在各项非功能测试中，该做的测试是不是都做了，测试的时机和频率是不是合适。这些都没问题了，再把关注重点放在提高测试的水平上。

29.2　执行时机

包含改动的颗粒度

　　与功能测试不同，并不是每个特性都要做所有的非功能测试，也不是每次发布时都要做，非功能测试通常是定期做和按需做相结合。

定期做，是因为自从上次做过非功能测试后，软件在逐渐演进，用户使用方式在逐渐发生变化，用户量在不断增长——这么多因素发生变化，当变化累积到一定程度时，软件的性能等非功能指标就可能与当初基线[1]明显不同了，因此需要再次测试。

按需做，是指当意识到一个新的特性对性能、安全性等可能存在比较明显的影响时，就进行相关内容的测试。比如，假定完整的性能与容量测试有 100 个要测的数据指标，但本次修改可能只影响到其中的 5 个，那么就围绕这 5 个数据指标进行测试。

比如，本次发布版本需要做非功能测试，那么可以在所有特性都已被集成之后再做，而且往往排在功能测试之后。这样做是可接受的，但是可能有更好的做法：如果已经预知哪些方面可能会出问题，那么就尝试在特性开发过程中尽早进行相关测试，即使不是很正式、很严谨的测试也行。

29.3　执行效果

29.3.1　覆盖范围：性能与容量

跟性能与容量相关的测试有一大堆名词和称呼。下面我们就来看看它们实质上是在关注哪些事情。

首先，测试用户感知到的性能。对于 Web 类的软件和移动端应用，最重要的是看实际使用者（将会）真实感受到的端到端的响应时间——"我"才不管现在有多少用户在同时使用，"我"只关心按下按钮后多久系统能把"我"想要的东西给"我"。此外，也会看"我"感受到的它的单位时间处理效率，也就是吞吐率，或者通俗地称作"带宽"，比如播放影音、下载文件时的传输速率。

有很多因素会影响用户实际体验到的性能，因此测试一般会分段进行，比如分别测试取决于后端系统处理能力的系统响应时间、取决于用户端处理能力的前端展现时间，看看它们是否要改进。当然，最终追求的还是用户在实际使用时感知到的性能情况。

其次，看看系统最多能承受多大的负载而不至于崩溃，与之相关的有容量测试、负载测试、压力测试等。得到这个值后，与当前实际值或者未来预期值（比如"双十一"促销时得到的值）进行比较，看看是不是足够，要不要加资源。此外，它也用于软件实现的改进——基于给定的硬件条件，怎么这么点儿压力就崩溃了？貌似软件实现有很大的改进空间。

1　参考：链接 30。

最后，看看系统是否稳定、可靠。从使用者的角度来看，服务是否一直可用，还是时不时就出现 404，如果刚才填表时填的内容都丢了那就更不好了。从系统运维的角度来看，丢包现象是否严重，是否会出现内存泄漏等。

稳定、可靠也体现在当系统出现硬件故障等异常情况时，系统是否能正常提供服务（或者降级提供服务）；当系统恢复正常后，能否恢复至异常出现之前的运行状态。这方面的测试被称为"高可用测试"。混沌工程是高可用测试的典型方式，我们将在第 30 章中进行介绍。

29.3.2 覆盖范围：安全性

我们通常从两个角度来考查安全性：一个是黑客用"魔法"攻击时，系统的抵抗能力。为此，看看有没有不该暴露的网络通信端口；输入恶意脚本、长字符串、超越数字边界时，会不会有问题；数据存储和传递是不是足够保密，等等。这些都需要专门的安全测试。

另一个是可能会遇到账户和权限的问题。比如权限设置是否合理，是否生效；不同用户的数据是否做到了相互隔离，等等。这些常常在功能测试时就可以一并进行测试。

对安全性的测试应当贯穿软件交付全过程。在做代码评审时，在检查列表中就应当有安全相关内容。在做代码扫描时，安全问题同样不能放过。而运行时的安全测试，不仅在测试环境中要做，在生产环境中也要做。运维配置和操作也要注意安全问题。

29.3.3 覆盖范围：兼容性

兼容性测试，主要是考查对各类基础设施的兼容性。比如在使用浏览器访问网页这个场景中，主要看对不同浏览器、不同浏览器版本、不同窗口大小的兼容性；而在移动端应用这个场景中，主要看对不同机型、不同安卓系统/iOS 系统的版本、不同屏幕分辨率的兼容性，同时考查当网络带宽较低时软件的基本功能是否仍然可用。在不同的企业中部署而不是集中部署的系统，则主要看对不同企业中不同操作系统、不同数据库的兼容性。

除了考查对各类基础设施的兼容性，如果软件有中文、英文等不同语言的版本，那么还要考查多语言的兼容性。

29.3.4 覆盖范围：易用性

前面讲的几种非功能测试都是偏技术的考查，而易用性测试考查的则是产品的设计，主要看产品是否好学习、好理解，操作起来是否简便。

显然，要想做到易用，别等开发完进行测试时再考查易用性，软件的设计更为重要。在开发出来产品之后，可以请产品经理来看看，请用户来体验一下，这些都是易用性测试的表现形式。

29.4　执行效率

29.4.1　自动执行

以性能测试为例，不存在纯手工的性能测试，然而，性能测试是否做到了完全自动化，那是另外一回事。让各类非功能测试具有更高的自动化程度，有利于让它们更频繁地开展，进一步降低风险。

29.4.2　快速测试准备：事先创建测试数据的方法

尽管大多数测试最好是都能通过被测系统本身的运行来生成测试数据，但与性能和容量相关的测试是一个例外。当这类测试需要巨大的数据量时，如果还通过调用接口或者访问用户界面的形式来生成测试数据，那就太慢了。此时最佳的方法是通过 SQL 脚本直接写入数据。

第 30 章
生产环境测试

30.1 导论

30.1.1 考查范围

本章我们将简要介绍在生产环境中进行的各类测试——既包括功能测试，也包括非功能测试；既包括人工测试，也包括自动化测试。此外，还将重点介绍一个重要的测试思路——小范围试用，介绍它的几种典型应用方式。

30.1.2 关注重点

我们先把关注重点放在各项生产环境测试中，该做的测试是不是都做了，测试的时机和频率是不是合适。这些都没问题了，再把关注重点放在提高测试的水平上。

30.2 执行效果

30.2.1 覆盖范围：功能测试方面

毕竟测试环境与生产环境有差异，测试环境完全没问题了，并不能保证生产环境就万无一失。所以适当进行生产环境的功能测试，能够进一步减少问题，降低风险。

最简单的和轻量的测试是在部署了程序新版本之后，自动访问一个特定的网页，并判断返回的内容对不对，据此判断程序是不是真的运行起来。这通常算作生产环境部署过程中的一个步骤。

我们可以把上述方法算作最简单的冒烟测试。而生产环境测试不仅有冒烟测试，还有更丰富的内容、更多的测试用例；不只是浏览，还应该操作；不仅是读，还可以写；能自动化的就实现自动化，不能实现自动化的就人工操作。

如果测试涉及写操作，还要特别注意与真实用户的真实数据相区分，特别是涉及金融交易的数据。

30.2.2　覆盖范围：非功能测试方面

在性能测试方面，生产环境测试的典型例子是全链路压测。由于在测试环境中很难模拟全链路的真实情况，因此在生产环境中模拟海量的并发用户请求和数据，对整个业务链路进行压力测试，试图找到所有潜在的性能瓶颈并进行优化。它的难点之一是区分测试数据和真实数据，使它们不要相互干扰。

在性能测试方面，另一个典型例子是Dark Launching，也称Dark Testing。这种方法一般被使用在用户较多的情况下。那么，如何模拟百万个用户使用一个新的功能？一般对用户界面不做改变，而是通过一个隐藏的方法（或请求）访问后台服务，这样即使后台服务有错误，也不会反映在用户界面上[1]。

在高可用测试方面，混沌工程（Chaos Engineering）在生产环境中故意制造意外，看系统的反映，以此找出薄弱环节并加以改进，让系统更健壮。这就好像放进来一群猴子来捣乱，所以又称为猴子测试（Monkey Testing）。为降低风险，此类测试也可以考虑先在测试环境中进行，等比较有信心了，再到生产环境中做测试。

在安全性测试方面，典型的例子是请外部专业人员进行渗透测试（Penetration Testing），模拟黑客进行攻击，以期发现和挖掘系统中存在的漏洞，并加以补救。

30.2.3　执行方法：小范围试用

看见好吃的，头一回买，那就少买点儿，先尝尝。这是一个浅显的道理，却是软件交付中重要的测试方式。

我们常听到"灰度发布"这个词。为降低发布风险，提高发布质量，发布的内容先让一小部分用户也就是灰度用户实际用起来，验证没问题了再让所有用户用起来。

那么这种测试是要验证什么呢？在不同的场合中，灰度发布要验证的内容还真不一样。比

---

[1]　请参考：链接 31。

如有的灰度发布，是想验证软件的新版本能不能正常运行，资源能不能承受得住，别产生故障甚至崩溃这样的大问题。这样的灰度发布，持续较短的时间就可以认为通过验证了。这样的灰度发布也被称作"金丝雀发布"。

有的灰度发布，是想看一下从用户的角度能否发现一些前面测试时没有测试到的缺陷等小问题，有的话就进行相应的调整。这样的灰度发布，持续的时间要长一些，以便用户有足够的时间发现问题。

还有的时候，我们希望通过灰度发布看看用户对新特性的喜爱程度，以决定是不是真的要正式发布这样的新特性。这样的灰度发布，一般持续的时间比较长，以便收集统计数据。它常常和上面讲的第二种灰度发布一并进行。

以上说的是灰度发布的目的。下面介绍一下灰度发布的方法。

第一类方法是按新版本灰度发布，灰度用户可以看到新版本包含的所有特性，而其他用户看不到。试用版、体验版、尝鲜版都属于这类。实现这种灰度发布的方法通常是，同一个部署单元的不同部署实例是不同的版本，把灰度用户引流到灰度版本，而其他绝大多数用户仍然被引流到当前正式发布的版本。这也被称作"灰度部署"。

第二类方法是按特性灰度发布，灰度用户可以看到具体某个新特性，而其他用户看不到。这就控制得更精细了。实现这种灰度发布的方法通常是，同一个部署实例"接待"不同的用户时，表现出不同的行为——灰度用户访问时表现出新特性，而其他绝大多数用户则看不到新特性。

β 测试跟灰度发布的概念类似，进行小范围试用。β 测试是找外部用户试用，而如果明确地让用户知道他们在试用新版本、新功能，并且有明确的机制鼓励他们从用户体验的角度出发，提出包括缺陷和改进建议在内的反馈，那么就是众测了。

A/B 测试的本质也是小范围试用，只不过是两群人分别试用不同的方案，然后比较效果看哪个更好。这里所说的效果，可以是用户更喜欢、购买金额更高等，根据具体情况来定。

后记

本书的写作提纲是 2020 年夏天确定的，2021 年年初完成初稿。当未来人们回忆起"地球往事"时，2020 年前后大概最重要的事情是新冠肺炎疫情。对我而言，新冠肺炎疫情有一个"副作用"，就是我有了充沛的时间阅读、思考和写作。

而思考和写作的内容在很大程度上得益于近几年我所从事的 DevOps 标准（全称"研发运营一体化（DevOps）能力成熟度模型"）持续交付部分相关的咨询工作。作为咨询师，不得不每天都去琢磨如何能够快速、有效、全面地熟悉各个软件研发团队的工作流程，了解他们的工作方式方法，并据此快速、有效、全面地判断这个团队的能力水平，给出最重要的待改进内容的清单。这可真不是一个好干的活儿：不是简单地拿一个模子对一对，用一把尺子量一量，而是要考虑实际业务背景和需求，判断当前这个方案是否合适，再看看基于这个方案该如何进一步改进。

要做好这件事情，就需要一个结构，能够按照这个结构分门别类地梳理软件交付过程的各个方面。这就好像，我们要把全世界的学问分为人文科学、社会科学、自然科学、文化艺术等不同的方向，然后细分成数学、物理、化学、政治、历史、地理、生物等不同的学科，最后分别学习和研究。有一本名为《通识：学问的分类》的书，就是介绍上述分类的。这也是本书起名叫《软件交付通识》的原因——软件交付整个过程也需要进行适当且清晰的分类，本书介绍这个分类梳理的方法，并进而对每个类别给出基本的介绍：原则、原理、要点、常用的方法和工具等。

本书只做基本的介绍，目的是让读者对软件交付全貌有一个整体和全面的了解，对整个体系有适当的把握。本书不会就具体某个工具展开介绍，讲解安装过程和操作技巧；不会就具体某个方法展开介绍，比如给出代码评审的检查清单。如果详细到这个程度，本书怕是要再加 10 倍篇幅都不止。

本书作为通识、通论性的图书，无意推出一套新的理论或建立另一个门派，而是对与软件交付领域相关的各种方法和思潮，按其重要性和有效性进行适当介绍，并融会贯通。作为融会贯通的结果：

- 本书明确了软件交付的过程，明确了它的范围和内容。
- 本书明确了软件交付要追求的目标：在多、快、好、省 4 个方面，在达到业务所需质量的前提下，核心是要更快，越快越好。
- 本书明确了为实现上述目标，软件交付的 10 个基本策略。
- 本书明确了对软件交付总体流程和具体活动的划分方式，划分为 6 个流程阶段、17 个具体活动，共 23 个细分领域。
- 本书明确了对每个细分领域进行考查时的通用考查角度，共 5 类 35 个关注角度。
- 本书明确"承认"特性分支，支持对它的合理使用，而不是一味追求将代码改动每天都提交到主干。
- 关于质量门禁，本书认为应当在一定程度上灵活考虑，视情况允许一定的技术债。
- 关于度量和改进，本书认为除了看统计数据，对度量指标提出要求，也要分析具体案例，比如某个逃逸的缺陷，它是否应该被早些发现，应该通过哪种测试发现，具体应当如何改进该项测试。

期望作为读者的你在读毕本书后，觉得有一些收获。不论你日常从事软件交付过程中的哪项具体工作，增加一些通识总是有好处的。如果你觉得本书值得一读，欢迎推荐给更多的同道中人，谢谢！